中国科研诚信建设

蓝皮书

（2021）

《中国科研诚信建设蓝皮书》编写组◎编

科学技术文献出版社
SCIENTIFIC AND TECHNICAL DOCUMENTATION PRESS

·北京·

图书在版编目（CIP）数据

中国科研诚信建设蓝皮书.2021 /《中国科研诚信建设蓝皮书》编写组编. —北京：科学技术文献出版社，2022.9
ISBN 978-7-5189-9544-8

Ⅰ.①中…　Ⅱ.①中…　Ⅲ.①科学研究—职业道德—研究报告—中国—2021
Ⅳ.①G322

中国版本图书馆 CIP 数据核字（20022）第 161435 号

中国科研诚信建设蓝皮书（2021）

策划编辑：李　蕊　丁芳宇　责任编辑：赵　斌　责任校对：张永霞　责任出版：张志平

出 版 者	科学技术文献出版社	
地 址	北京市复兴路15号　邮编　100038	
编 务 部	（010）58882938，58882087（传真）	
发 行 部	（010）58882868，58882870（传真）	
邮 购 部	（010）58882873	
官 方 网 址	www.stdp.com.cn	
发 行 者	科学技术文献出版社发行　全国各地新华书店经销	
印 刷 者	北京时尚印佳彩色印刷有限公司	
版 次	2022 年 9 月第 1 版　2022 年 9 月第 1 次印刷	
开 本	787×1092　1/16	
字 数	117千	
印 张	9.75	
书 号	ISBN 978-7-5189-9544-8	
定 价	36.00元	

序　言

科研诚信是科技创新的基石。党的十八大以来，以习近平同志为核心的党中央高度重视科研诚信工作。习近平总书记指出："要大力弘扬优良学风，把软约束和硬措施结合起来，推动形成崇尚精品、严谨治学、注重诚信、讲求责任的优良学风，营造风清气正、互学互鉴、积极向上的学术生态。"近年来，在政府部门、科技界、社会公众、媒体等的共同努力下，我国科研诚信建设取得显著进展，制度建设、管理体系逐渐完善，治理力度空前提升，科研诚信在科技界得到广泛传播，激励创新、求真务实的学术氛围正在形成。

2018 年和 2019 年，中共中央办公厅、国务院办公厅相继印发《关于进一步加强科研诚信建设的若干意见》《关于进一步弘扬科学家精神加强作风和学风建设的意见》，对新时期我国科研诚信建设进行系统部署，拉开了推动科研作风学风实质性改观的序幕。2021 年新修订的《中华人民共和国科学技术进步法》将科研诚信治理上升到法律层面，科研诚信管理实现有法可依。科研诚信建设联席会议机制作用得到积极发挥，成员数量从建立之初的 6 家增加到 21 家。《科研诚信案件调查处理规则（试行）》等一系列重要文件陆续出台，科研诚信制度体系得到极大完善。学术不端行为的查处曝光力度明显增强，高压态势正在形成。

　　社会各界非常关注科研诚信工作，迫切想要了解我国科研诚信建设的真实情况，如我国科技管理部门和各类科研主体科研诚信建设实际进展、实践经验和面临的挑战等。然而，因学术不端行为导致的国际论文撤稿时有发生，国内外相关报道也众说纷纭，极大地影响了公众和科技界对我国科研诚信总体状况的判断。《中国科研诚信建设蓝皮书（2021）》应运而生，是我国科研诚信领域的第一本蓝皮书，也是目前为数不多有关科研诚信的参考书籍，希望能够为读者提供帮助与启迪。

　　《中国科研诚信建设蓝皮书（2021）》是在科技部科技监督与诚信建设司的支持指导下，由科技部科技评估中心联合中国科协创新战略研究院、中国科学技术发展战略研究院共同编写完成。编写组组长为施筱勇研究员，副组长为刘萱副研究员、张文霞研究员，成员包括杨耀、曹伟晓、张一粟、陶蕊、杜丹、赵勖、黄艳波、马健铨、曹勇、杨洋、高白云、李响、石长慧、薛姝等。施筱勇、杨耀负责全书统稿、修改和定稿工作。

　　编写组综合采用了案卷研究、问卷调查、网络检索、座谈访谈等多种方法收集数据、梳理素材、展开研究，期间多次邀请本领域专家、科技管理专家、科研一线人员围绕书稿开展研讨，对其中的重要观点进行讨论，力求客观反映科研诚信建设现状。来自高校和科研院所的多位科研诚信领域专家、科技部科技监督与诚信建设司领导和有关同志、参编单位的领导和同事从科研诚信学术研究、科研诚信管理实践、书稿的章节设计等方面提出了宝贵意见，在此表示感谢！科研主体科研诚信建设状况章节中相关数据的采集得到了中国农村技术开发中心、中国生物技术发展中心、中国21世纪议程管理中心、科技部高技术研究发展中心、农业农村部科技发展中心、国家卫生健康委医药卫生科技发展研究中心、工业和信息化部产业发展促进中心等的大力支持，这里一并致谢！

编写组深切感受到，科研诚信是世界各国面临的共同难题，还有诸多问题需要深入研究探讨。例如，随着第四次科技革命的深入发展，人工智能、大数据、量子物理、新材料等新兴领域以及交叉学科快速兴起，依托极限设施、独特资源研究的不断出现，科研不端行为类型将超出现有认知，科研诚信案件的预警、调查与处理等传统方式在新场景的适用面临挑战。科技创新已不仅是科技管理部门的工作，与所有政府部门密切相关，基于科学证据的政府决策、诚信的科学传播普及、新技术在公共管理中的广泛应用使得科研诚信管理成为所有政府部门必须重视的问题。这些问题值得进一步研究关注。

本书内容涉及的主体范围广、时间跨度大、数据采集难，加之我们的研究能力有限，难免会有瑕疵，期望各位读者批评指正。我们将持续深入开展研究，努力将中国科研诚信建设进展客观呈现给读者，力求更加科学、更加准确、更加完善。

《中国科研诚信建设蓝皮书》编写组

2022 年 8 月 30 日

摘　要

科研诚信是科技创新的基石，是科技创新生态的重要组成部分。我国政府历来重视科研诚信建设工作，政府管理部门、科学共同体、科研活动相关机构和广大科研人员等各方面积极推进我国科研诚信建设，着力营造风清气正的良好创新生态。本书是我国首部科研诚信领域蓝皮书，旨在较为全面地反映我国政府部门、科研主体、科技社团、科技期刊等重要主体的科研诚信建设状况，以及科研诚信国际交流合作等方面的进展，总结科研诚信建设的典型案例，同时通过对科技工作者进行调查反映其对我国科研诚信建设情况的满意程度，以期为社会各界展现我国科研诚信建设概貌，为科技管理部门、高等学校、科研院所等的科研诚信管理提供借鉴参考。

一、中国科研诚信建设总体状况

科学研究是以诚实守信为基础的事业，自诞生之始就把追求真理、揭示客观规律作为目标。随着科技创新的加快推进，科学研究与经济社会活动的联系愈发紧密，加强科研诚信建设的重要作用日益凸显，科研诚信逐渐成为科研管理的重要内容。2007 年，科技部牵头建立了多部门参加的科研诚信建设联席会议制度，标志着我国部门间科研诚信管理框架初步形成，有效增强了部门间科研诚信建设的协调和交流，促进了国家层面在科研诚信制度建设、宣传教育和监督等方面形成合力，为新时期的科研诚信管理体系建立奠定了坚实基础。2009 年，科技部等十部门联合发布了《关于加强我国科研诚信建设的意见》（国科发政〔2009〕529 号），提出推进科研诚信建设，要坚持教育引导、制度规范、监督约束并重的原则，惩防结合、标本兼治。党的十八大以来，我国科研诚信建设步伐进一步加快。2018 年中共中央办公厅、国务院办公厅印发《关于进一步加强科研诚信建设的若干意见》，2019 年中共中央办公厅、国务院办公厅印发《关于进一步弘扬科学家精神加强作风和学风建设的意见》，在国家层面对科研诚信和科研作风学风建设作出系统部署，标志着我国科研诚信建设进入新的历史时期。

为深入贯彻落实国家部署，各部门、各地方积极出台相关举措，加强科研诚信管理，推动高等学校、科研院所等科研主体不断加大科研诚信建设工作力度，提高科研诚信建设水平，严肃查处学术不端行为。科学共同体、科技期刊等也围绕自身定位，积极开展科研诚信宣传教育，加强自律自净。

在各方共同努力下，我国科研诚信建设取得积极成效，初步形成了处理、预防和正面引导相结合的科研诚信建设格局，科研诚信管理机制和责任体系进一步明确，科研失信行为界定和科研诚信案件调查流程逐步完善，对科研诚信案件的查处更加及时公开，科技工作者和公众对科研诚信的满意度有所提高。2021 年科技工作者调查显示，我国科研诚信持续向好，科技工作者和公众对科研诚信的满意度不断提高，81.8% 的科技工作者对所在单位针对科研不端或科技伦理失范行为的处理结果感到"满意"或"非常满意"，"不太满意"和"非常不满意"的占比分别仅为 3.6% 和 1.1%。与此同时，科研诚信建设依然面临诸多挑战，因科研不端导致论文撤稿事件时有发生，科研诚信建设主体责任落实仍不到位，科研诚信教育广度、力度仍有不足，政策落实的"最后一公里"仍需进一步打通。

二、科研主体科研诚信建设状况

基于对 370 家高等学校、科研院所和医院三类科研主体的问卷调查数据和 50 余家单位的座谈访谈和实地调研，总体上看，我国科研主体在科研诚信制度建设、科研诚信管理、科研诚信案件调查处理、科研诚信教育宣传等方面都取得了较大进展，但同样也存在很多亟待进一步提升之处。

一是制度建设进展显著，但距离政策全覆盖还有差距。提交问卷的科研主体中，超 3/4 已制定科研诚信政策，尤其是《关于进一步加强科研诚信建设的若干意见》发布以来，制修订政策数量增长了近一倍，但仍有近 1/4 的科研主体尚未实现科研诚信政策全覆盖。

二是科研主体高度重视科研诚信管理，但部分举措仍未得到充分落实。调查显示，九成科研主体建立了由单位正、副职领导分管的工作机制，并积极落实关键节点的科研诚信审核和破除"四唯"要求。但仍有近四成科研主体尚未设立科研诚信管理机构，科研主体的科研诚信管理力量亟待加强。在成果核验、原始资料保存等方面的落实比例仍较低。仅有 15.1% 的科研主体利用官方网站或公众号公开科研诚信相关信息，大多数科研人员难以通过网络便捷地获取本单位科研诚信相关资源。

三是科研诚信案件得到及时查处，但主动预防、主动发现能力有待加强。问卷调查结果显示，2019 年与 2020 年，被调查科研主体的科研诚信案件均得到及时查处，但从案件线索来源看，政府管理部门转办的比例高达48.3%，科研主体主动发现开展调查的比例仅为10.3%。"论文工厂""论文抄袭""重复发表论文""虚假同行评议"成为我国国际论文撤稿的主要原因，政府部门需进一步加强对"论文工厂"等的打击力度。

四是科研诚信培训不断推进，科研诚信教育急需加强。被调查的科研主体中，超2/3的科研主体已开展类型丰富的科研诚信培训，覆盖科研人员、学生、管理人员等不同群体。开展科研诚信教育是系统传播科研诚信知识、提高科研群体科研诚信意识的最有效方式，然而目前被调查的科研主体中，仅有不到1/5的科研主体开设了科研诚信教育课程。我国科研诚信教育培训工作仍然任重道远。

三、科技社团科研诚信建设状况

对中国科协所属的210家学会开展了问卷调查，从回收的36家学会问卷结果看，约一半的学会在强化本学科领域科研诚信建设中发挥了有效作用。科技社团在加强科研诚信建设方面作出了积极探索，取得了一定成绩，但仍存在超半数的学会未制定科研诚信建设的教育与宣传制度及在所属会员科研不端行为的审查及处置方面作用发挥不足等问题，科技社团的科研诚信建设需要进一步加强。

一是积极制定科研诚信规范、标准，明确本学科的理念和核心价值及本行业科技工作者的行为操守。64%的学会结合学科领域实际情况，发出过相关倡议、宣言或行动计划，42%的学会制定了符合本学科或领域发展要求的学术自律相关制度。

二是积极开展科研诚信建设的相关教育与宣传工作。约22%的学会建立了学术自律的专门委员会，约 36% 的学会制定了科研诚信建设的教育与宣传制度，超过 60% 的学会举办过讲座或宣讲活动。

三是组织、参与科研诚信案件调查与处理。管理权限和调查取证难限制了学会作用的发挥，将近一半的学会建立了对所属会员科研不端行为的审查、处置机制。

四、科技期刊科研诚信建设状况

科技期刊是科技创新成果的主要载体。科技期刊对科研诚信的管理贯穿学术出版的全流程，是维护科研诚信的重要守门人。对中国科协主管的 512 家科技期刊开展了问卷调查，回收的 223 份问卷结果显示，科技期刊主动作为，加强科研诚信建设，积极开展"涵养优良学风、弘扬科学家精神"等宣传活动，落实科研诚信建设成效明显。

一是制度规范建设方面。在调查涉及的投稿作者科研诚信规范、审稿专家科研诚信规范、编辑人员科研诚信规范、稿件三审三校制度、退稿拒稿原则、疑似科研不端行为处理规则、撤稿原则、失信作者黑名单 8 个维度上，大部分期刊都建立了相应的规范体系，并有较好的落实效果。

二是科研诚信意识和对未来作风学风建设的期望方面。在编辑人员科研诚信意识、投稿作者科研诚信意识、审稿专家科研诚信意识、弘扬科学家精神以促进作风学风建设、未来科学界作风学风建设期望 5 个方面，科技期刊的总体评价较好。

三是科研不端问题调查方面。大部分期刊均有专人负责受理科研诚信举报，并组织开展调查，2019—2021 年科技期刊在接受举报的数量、调查处理的数量及最终确认不端行为的数量 3 个方面都呈现连续下降的态势。

五、科研诚信国际交流与合作

多层面的科研诚信领域国际交流与合作，有力推动了我国科研诚信建设进程，提高了我国科研诚信管理水平和管理能力。政府间科研诚信交流与合作对我国科研诚信建设起到了积极作用，在科研诚信政策交流与研讨、参与科研诚信国际规则制定、开展科研诚信能力建设等方面发挥了重要的作用。非政府间科研诚信交流与合作方面，我国高等学校、科研机构及科技社团组织了多场国际科研诚信学术会议，邀请了多位知名专家开展专题讲座。我国学者积极参加世界科研诚信大会、亚太地区科研诚信大会等重要国际大会，为我国了解全球科研诚信现状和经验提供了良好渠道，也促进了世界对我国科研诚信的认识和了解。但是，我国科研诚信国际交流与合作的深度和广度还有待进一步提升。

六、科研诚信建设典型案例

科研诚信建设的典型做法对各相关主体更好地开展科研诚信管理、提高科研诚信建设水平具有重要参考价值。本书选取了政府管理部门、科研机构、高等学校等不同主体加强科研诚信工作的 5 个典型案例，包括北京市强化基于诚信的科研管理、重庆市实施分类分级诚信管理、中国科学院大连化学物理研究所建立完善的实验数据管理制度、中国农业科学院对从事科研活动的院属各单位及其科研人员实施的科研信用管理、北京大学的科研伦理与科研诚信培训等。

目　录

引　言

科研诚信是科技创新的基石。我国历来高度重视科研诚信建设。党的十八大以来，我国将科研诚信建设摆在更加重要的位置。2016 年 1 月 13 日，国务院办公厅印发《国务院办公厅关于优化学术环境的指导意见》，强调优化学术诚信环境，树立良好学风。2018 年 5 月 30 日，中共中央办公厅、国务院办公厅印发《关于进一步加强科研诚信建设的若干意见》（以下简称《诚信建设意见》），对我国科研诚信建设工作作出全面系统的部署。2019 年 6 月 12 日，中共中央办公厅、国务院办公厅印发《关于进一步弘扬科学家精神加强作风和学风建设的意见》（以下简称《作风学风意见》），再次强调坚守诚信底线，严守科研伦理规范，守住学术道德底线。2021 年 5 月 28 日，习近平总书记在两院院士大会、中国科协第十次全国代表大会上强调，坚守学术道德和科研伦理，践行学术规范，让学术道德和科学精神内化于心、外化于行，涵养风清气正的科研环境，培育严谨求是的科学文化。当前，我国开启建设世界科技强国新征程，加快实现高水平科技自立自强，科研诚信是建设科技强国、实现高水平科技自立自强的重要基础。

经过多年发展，我国科研诚信建设在制度规范、管理机制、教育引导、监督惩戒等方面取得了显著成效。近年来，重大科研不端事件和涉及中国作者的国际论文撤稿事件时有发生，引起国内外广泛关注，严重损害了中国科技界的形象。通过编制《中国科研诚信建设蓝皮书》，客观反映我国科研诚信建设现状，总结科研诚信建设的成效和存在的不足，对于推动我国科研诚信建设工作、促进各类科研主体改善科研诚信状况具有重要的意义。

《中国科研诚信建设蓝皮书》编写组综合采用案卷研究、问卷调查、座谈会、专家访谈、实地调研、文献计量、网络检索等方法收集各方面信息。其间，面向全国高等学校、科研院所、医院学会、科技期刊、国家重点研发计划重点专项项目申报人和评审专家、科技工作者等开展了问卷调查，对高等学校、科研院所、医院等50余家科研单位开展座谈和调研。基于撤稿观察（Retraction Watch）数据库，对我国2016—2020年发表的国际论文撤稿情况进行计量分析。具体信息收集方法见本书相关章节。

本书包括6个章节。第一章为中国科研诚信建设总体状况，从科研诚信建设沿革、科研诚信政策、科研诚信管理、科研主体科研诚信建设、科研诚信建设成效与展望5个方面展开。第二章为科研主体科研诚信建设状况，主要围绕高等学校、科研院所和医院3类主体的科研诚信制度建设、管理机制建设，科研诚信案件的受理、调查与处理，科研诚信教育与培训，国际论文撤稿情况等方面进行描述。第三章为科技团体科研诚信建设状况，内容包括科研诚信规范、标准制定，教育宣传，组织、参与科研诚信案件调查与处理3个方面。第四章为科技期刊科研诚信建设状况，内容包括科研诚信建设措施落实及整体评价，科研诚信案件受理、调查与处理等。第五章为科研诚信国际交流与合作，主要描述政府、社会团体、科研单位和科研人员等在科研诚信领域开展的国际交流与合作研究等。第六章为科研诚信建设典型案例，主要介绍地方科技管理部门、高等学校、科研院所等在科研诚信建设中的典型做法，期望为相关主体的科研诚信建设提供借鉴。附录部分介绍了国家和地方发布的科研诚信相关重要文件、科研主体问卷调查的有关情况、国际撤稿论文分析方法与相关数据等内容。

第一章

中国科研诚信建设总体状况

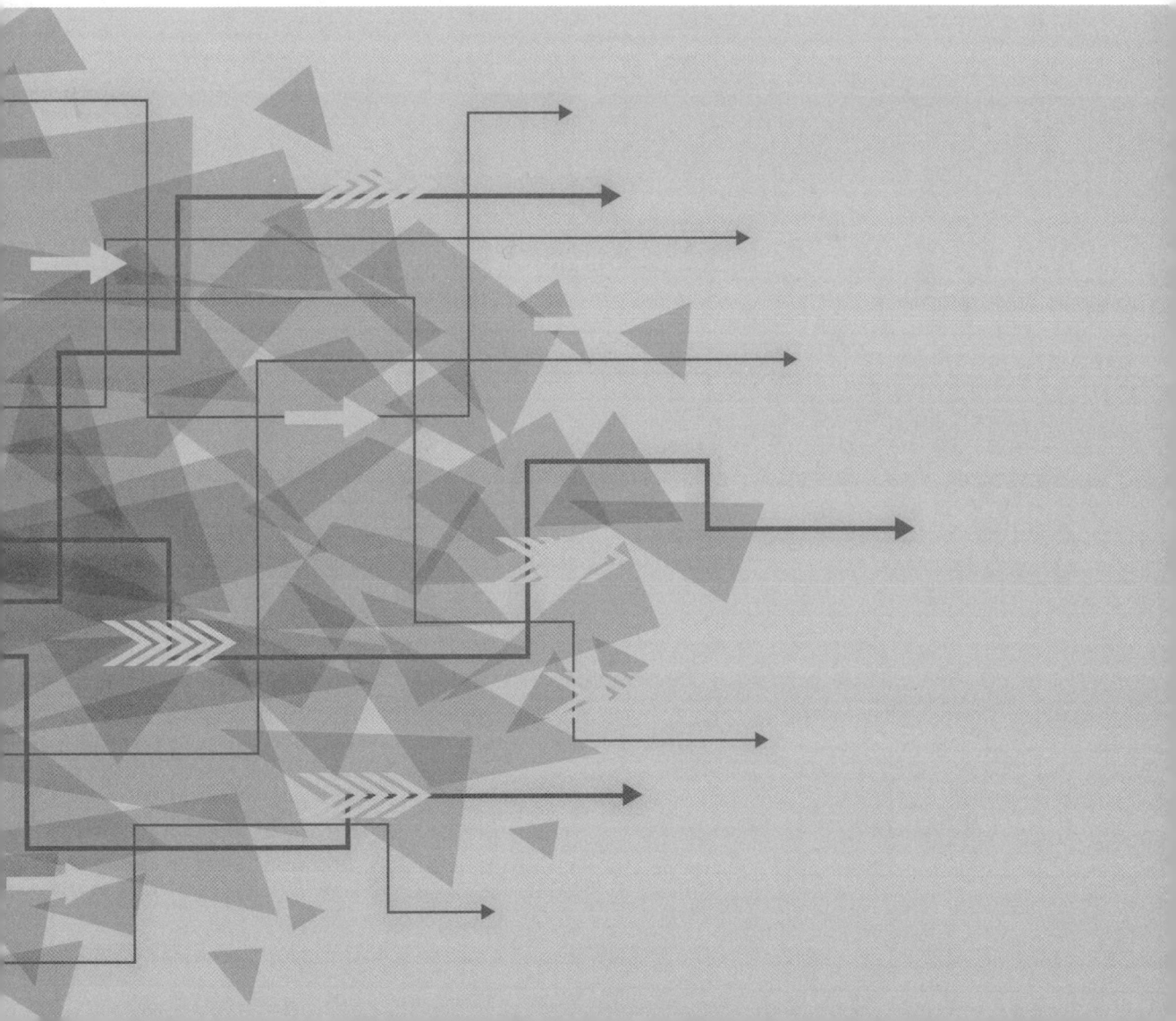

一、科研诚信建设沿革

自古以来诚信就是我国的优秀传统，是中华民族精神内涵的重要组成。中华人民共和国成立以来，一代代科技工作者勇于探索、攻坚克难，取得了众多举世瞩目的成就，为中华民族的发展和人类文明的进步作出巨大贡献。诚信也一直是我国科技界坚守的底线，已深深融入我国科技工作者的精神谱系。改革开放后，我国经济快速发展，一些急功近利、浮夸浮躁等的不良风气开始蔓延到科技领域。随着科研资助方式的改革、科技发展进程的加速、科技人员数量的快速增加及科研职业化的进一步深化，科学共同体内部竞争日趋激烈，部分科研人员一时间难以抵挡各种诱惑，科研不端事件在我国开始出现。与此同时，欧美等发达国家陆续发生的科研不端事件引起国际社会高度关注，我国政府也开始关注科研领域的不端行为，我国的科研诚信建设由此展开。经过 40 余年的发展，我国科研诚信建设从无到有，各项工作逐步开展，在制度规范、管理体系、教育宣传、对外交流等多方面取得了长足进步。回顾这段发展历程，对认识我国科研诚信建设工作的发展状况、总结成就与经验、推进新时期科研诚信建设具有重要意义。

1978 年 3 月 18 日，全国科学大会胜利召开，会议深刻阐述了"科学技术是生产力"的重要观点，我国迎来了"科学的春天"。20 世纪 80 年代，我国科技界和媒体开始关注科研道德问题。1981 年，邹承鲁院士等人致函《中国科学报》，建议开展"科研工作中的精神文明"问题讨论，反对科研领域的弄虚作假，在科技界引起了很大反响。在人文社会科学领域，针对剽窃、弄虚作假等现象，从建立健全学术论著的引文和注释规范开始，学术界开展了学术规范和学风建设的讨论。

1993年，《中国科学报》公开揭露"李富斌剽窃事件"，经中央人民广播电台转播，我国科技界乃至全社会掀起了批判科研造假的浪潮[1]。同时，科技界、期刊和媒体也就学术规范、学术道德、学术交流、学术批评及学科建设等内容开展了广泛的讨论，以抄袭、剽窃为主的科研不端行为被陆续公开曝光[2-3]。同年，我国第一部科技领域的法律《中华人民共和国科学技术进步法》实施，其第六十条规定"剽窃、篡改、假冒或者以其他方式侵害他人著作权、专利权、发现权、发明权和其他科学技术成果权的，非法窃取技术秘密的，依照有关法律的规定处理"，这是首次以法律形式明确了对科研不端行为的处罚。1999年，科技部联合教育部、中国科学院、中国工程院、中国科协发布《关于科技工作者行为准则的若干意见》，对科技工作者、科技管理部门在坚守诚信、实事求是方面作出具体规定。

20世纪90年代，科技管理部门开始重视科研诚信管理工作。1996年，中国科学院学部科学道德建设委员会成立，加强院士和学部的科学道德与学风建设，对院士违背科学道德与学风的行为进行协助调查，对经查实的问题向学部主席团提出处理建议。同年，中国科协成立了科技工作者道德与权益专门委员会，主要负责调查研究科技界存在的科研不端行为和科学研究中的浮躁现象，促进科学道德建设规范化、制度化。1998年12月10日，国家自然科学基金委员会监督委员会成立，明确了接受并处理相应的投诉和举报、负责制度制定、开展科研诚信教育宣传的具体职责。该委员会的成立对于推动我国科学基金的科研诚信管理、科技界的科研诚信宣传具有重要意义。

进入 21 世纪，我国科技实现了跨越式发展，部分领域科技水平进入世界前列。然而，一些科研不端事件接连发生。2006 年，"汉芯事件"引起了科技界的极大震动，促使科技管理部门更加重视科研诚信建设，加快了科研诚信制度建设。同年，科技部出台《国家科技计划实施中科研不端行为处理办法（试行）》（科学技术部令第 11 号），首次针对国家科技计划中的科研不端行为作出规定，提出成立科技部科研诚信建设办公室。2007 年，为增进各部委之间关于科研诚信建设的协调和交流，在制度建设、宣传教育和监督等方面形成合力，科技部联合教育部、中国科学院、中国工程院、国家自然科学基金委员会、中国科协等 6 家单位建立了科研诚信建设联席会议制度，负责研究制定科研诚信的重大政策，监督协调政策和任务的实施，指导全国科研诚信建设工作。科研诚信建设联席会议制度的建立为日后我国科研诚信管理体系形成奠定了坚实的基础。同年，中国科学院设立了科研道德委员会，发布了《关于科学理念的宣言》《中国科学院关于加强科研行为规范建设的意见》，进一步推进良好科研生态建设。

2009 年 8 月 26 日，科技部、教育部等 10 家单位联合发布了《关于加强我国科研诚信建设的意见》（国科发政〔2009〕529 号）。这是首个以"科研诚信"为标题的政策文件，对国家层面的科研诚信建设工作进行了系统部署。由此，我国科研诚信建设由对科研不端行为的惩治为主转向惩治与预防引导相结合的阶段。教育部于 2006 年和 2009 年先后成立了社会科学委员会学风建设委员会和科学技术委员会学风建设委员会，致力于总结和推广学风建设的典型经验，同时通过多种途径为科研不端行为案例的处理提出参考性的意见。

2014年3月3日，国务院出台了《国务院关于改进加强中央财政科研项目和资金管理的若干意见》，提出完善科研信用管理，建立覆盖指南编制、项目申请、评估评审、立项、执行、验收全过程的科研信用记录制度，开展科研参与主体的信用评级，将严重不良信用记录者记入"黑名单"。2016年，教育部出台的《高等学校预防与处理学术不端行为办法》（中华人民共和国教育部令第40号）为全国高校科研不端行为查处提供了重要依据。

近年来，一些重大科研诚信案件时有发生，给我国科技创新事业带来巨大挑战。2017年4月21日，《肿瘤生物学》（*Tumor Biology*）撤下由中国作者发表的107篇论文[4]，引起了我国政府部门的高度重视和科技界的广泛关注，极大地推动了我国的科研诚信建设进程。之后，国家陆续出台了多项政策文件（附录1），在国家层面形成了较为完整、覆盖科研诚信各个方面的制度体系。

2018年5月30日，中共中央办公厅、国务院办公厅印发《诚信建设意见》。这是党中央首次围绕科研诚信出台政策，凸显了党中央对科研诚信建设工作的高度重视。该文件结合当前我国科研诚信工作的特点，对科研诚信工作进行了全面系统的部署。2019年6月11日，中共中央办公厅、国务院办公厅印发《作风学风意见》，将坚守科研诚信底线作为加强科研作风和学风建设的关键内容，对科研单位、科研人员等主体的科研诚信工作提出明确要求。2022年1月1日，新修订的《中华人民共和国科学技术进步法》正式施行，对科研诚信建设的各个方面作出明确规定，大大推动了科研诚信法制化进程。

《诚信建设意见》《作风学风意见》成为今后一段时期我国科研诚信建设的指导性文件。各部门、各地方根据文件要求，出台相应的落实举措，包括对科研领域相关失信责任主体实施联合惩戒、科研诚信案件调查处理等。同时，科技部建立了重大科研不端行为数据库，为全国科研诚信数据汇交、科技计划项目诚信管理提供有力支撑；改版中国科研诚信网，不断强化政策服务、信息发布、经验交流、警示教育等功能。

在国家部门、地方和广大科研主体的共同推动下，我国科研诚信教育培训和宣传工作取得很大进步。国家层面开展了多项工作促进科研诚信的教育与宣传，包括组织召开全国科学道德和学风建设宣讲教育报告会，开展科研诚信建设专题培训、学风属地宣讲等活动。很多单位在新入职教师岗前培训、新聘研究生导师培训等日常工作中，将科研诚信与思想政治、公民道德和法治教育相衔接，与科研实践和创新方法教育相融合，与明德楷模、案例警示教育相结合，让科研诚信深植于科研人员的头脑，内化为精神追求。

二、科研诚信政策

随着各部门、各地方对科研诚信建设的不断重视，我国已形成了以《诚信建设意见》《作风学风意见》为核心，以国家层面、重点领域、地方政策文件为配套的科研诚信政策体系。

（一）国家层面的科研诚信政策

目前，国家层面已经形成了较为完善的科研诚信政策体系，涵盖了科研诚信案件调查处理、科研诚信建设主体责任、重点行业重点领域科研诚信管理等方面。

1. 科研诚信政策总体要求

《诚信建设意见》在总结过去科研诚信建设实践经验的基础上，针对现阶段我国科研诚信建设存在的突出问题提出了具体要求。意见明确了科技部、中国社科院分别负责自然科学领域和哲学社会科学领域科研诚信工作的统筹协调和宏观指导；坚持零容忍，保持对严重违背科研诚信要求行为严厉打击的高压态势，严肃责任追究；建立终身追究制度，依法依规对严重违背科研诚信要求行为实行终身追究，一经发现，随时调查处理。意见还就完善科研诚信管理工作机制和责任体系、加强科研活动全流程诚信管理、进一步推进科研诚信制度化建设、切实加强科研诚信的教育和宣传、严肃查处严重违背科研诚信要求的行为、加快推进科研诚信信息化建设、保障措施等做了具体部署。

科技界的作风学风是科研诚信的土壤。从根基上解决科研诚信问题，需在全社会形成良好的作风学风和科研环境。《作风学风意见》提出力争1年内各项治理措施得到全面落实、3年内取得实质性改观的目标。意见突出价值引领，首次明确了爱国、创新、求实、奉献、协同、育人的科学家精神内涵，以科学家精神引领科技界树立正确的价值观。意见还针对当前作风学风建设中的问题提出了多项务实举措，如建立论文发表1个月内，将论文涉及的实验记录、实验数据等原始数据资料交单位统一管理、留存、备查制度；高等学校、科研机构和企业对短期内发表多篇论文、取得多项专利等成果的，要开展实证核验，加强核实核查，学术委员会要对本单位科研人员的重要学术论文等科研成果进行全覆盖核查；科研人员公布突破性科技成果和重大科研进展应当经所在单位同意等。

2. 科研失信行为界定

科研失信行为的界定是科研诚信建设的关键。2006 年，《国家科技计划实施中科研不端行为处理办法（试行）》将科研不端行为界定为违反科学共同体公认的科研行为准则的行为，并列举了科研不端行为的6 种类型，包括常见的简历造假、抄袭剽窃、捏造篡改，涉及人体研究和实验动物保护的问题及其他。2015 年，中国科协等七部门联合印发的《发表学术论文"五不准"》中，针对国际期刊撤稿问题提出了 5 项与学术论文相关的科研不端行为；包括第三方代写、代投、修改，同行评议人信息造假和违反署名规范。2018 年，《诚信建设意见》第七条列举了科研人员要践行的科研诚信要求，包括不得抄袭剽窃、伪造篡改、购买或代写、违反署名要求及擅自标注资助、骗取经费奖励等。2019 年，《关于印发〈科研诚信案件调查处理规则（试行）〉的通知》（国科发监〔2019〕323 号）明确了 7 类科研失信行为，实现了对该概念的统一界定（见专栏 1–1）。

专栏 1-1　科研失信行为界定

《科研诚信案件调查处理规则（试行）》中的界定如下：

（一）抄袭、剽窃、侵占他人研究成果或项目申请书；

（二）编造研究过程，伪造、篡改研究数据、图表、结论、检测报告或用户使用报告；

（三）买卖、代写论文或项目申请书，虚构同行评议专家及评议意见；

（四）以故意提供虚假信息等弄虚作假的方式或采取贿赂、利益交换等不正当手段获得科研活动审批，获取科技计划项目（专项、基金等）、科研经费、奖励、荣誉、职务职称等；

（五）违反科研伦理规范；

（六）违反奖励、专利等研究成果署名及论文发表规范；

（七）其他科研失信行为。

资料来源：《科研诚信案件调查处理规则（试行）》。

3. 科研诚信建设责任体系相关要求

在科研诚信建设的推进过程中，压实主体责任是极为重要的一环。《诚信建设意见》《作风学风意见》中均对与科研活动相关的各类主体在科研诚信建设中的责任提出了明确要求。

《诚信建设意见》明确了科技部、中国社科院分别负责自然科学领域和哲学社会科学领域科研诚信建设工作，地方各级政府和行业主管部门要积极采取措施加强科研诚信建设，并强调了"从事科研活动的各类企业、事业单位、社会组织等是科研诚信建设第一责任主体"，详细阐述了各领域主管部门、科研机构、高等学校、项目专业管理机构及各类科研人员等不同主体应承担的责任（表1-1）。

表1-1　科研活动相关的各类主体在科研诚信建设中的责任要求

主体	具体责任
科技部、中国社科院	科技部、中国社科院分别负责自然科学领域和哲学社会科学领域科研诚信工作的统筹协调和宏观指导
各领域主管部门	教育、卫生健康、新闻出版等部门要明确要求教育、医疗、学术期刊出版等单位完善内控制度，加强科研诚信建设
科技计划管理部门	加强科技计划的科研诚信管理，建立健全以诚信为基础的科技计划监管机制，将科研诚信要求融入科技计划管理全过程
中国科学院、中国工程院、中国科协	强化对院士的科研诚信要求和监督管理，加强院士推荐（提名）的诚信审核
从事科研活动的各类企业、事业单位、社会组织等	各类企业、事业单位、社会组织是科研诚信建设第一责任主体。应对学术委员会科研诚信工作任务、职责权限作出明确规定，并提供必要保障。学术委员会履行科研诚信建设职责，发挥审议、评定、受理、调查、监督、咨询等作用，查处科研失信行为。组织开展或委托基层学术组织、第三方机构对本单位科研人员的重要学术论文等科研成果进行全覆盖核查，以3~5年为周期持续开展。把教育引导和制度约束相结合，对违背科研诚信要求的行为"零容忍"，在晋升、表彰、参与项目方面"一票否决"；压紧压实监督管理责任，健全科研诚信审核、科研伦理审查等有关制度和信息公开、举报投诉、通报曝光等工作机制；对违反项目申报实施、经费使用、评审评价等规定，违背科研诚信、科研伦理要求的，敢于揭短亮丑。对短期内发表多篇论文、取得多项专利等成果的，要开展实证核验

续表

主体	具体责任
项目管理专业机构	加强立项评审、项目管理、验收评估等科技计划全过程和项目承担单位、评审专家等科技计划各类主体的科研诚信管理,对违背科研诚信要求的行为要严肃查处
科技中介服务机构	从事科技评估、科技咨询、科技成果转化、科技企业孵化和科研经费审计等的科技中介服务机构严格遵守行业规范,强化诚信管理,自觉接受监督
社会团体	发挥自律自净功能,积极开展科研活动行为规范制定、诚信教育引导、诚信案件调查认定、科研诚信理论研究等工作
科研人员	恪守科学道德准则,遵守科研活动规范,践行科研诚信要求,不得抄袭、剽窃他人科研成果或者伪造、篡改研究数据、研究结论;不得购买、代写、代投论文,虚构同行评议专家及评议意见;不得违反论文署名规范,擅自标注或虚假标注获得科技计划(专项、基金等)等资助;不得弄虚作假,骗取科技计划(专项、基金等)项目、科研经费以及奖励、荣誉等;不得有其他违背科研诚信要求的行为。不参加自己不熟悉领域的咨询评审活动,不在情况不掌握、内容不了解的意见建议上署名签字。论文等科研成果发表后1个月内,要将所涉及的实验记录、实验数据等原始数据资料交所在单位统一管理、留存备查。公布突破性科技成果和重大科研进展应当经所在单位同意
项目(课题)负责人、研究生导师	加强对项目成员、学生的科研诚信管理,对重要论文等科研成果的署名、研究数据真实性、实验可重复性等进行诚信审核和学术把关。树立"红线"意识,严格履行科研合同义务,严禁违规将科研任务转包、分包他人,严禁随意降低目标任务和约定要求,严禁以项目实施周期外或不相关成果充抵交差。同期主持和主要参与的国家科技计划(专项、基金等)项目(课题)数原则上不得超过2项,高等学校、科研机构领导人员和企业负责人作为项目(课题)负责人同期主持的不得超过1项

主体	具体责任
院士	发挥示范带动作用，做遵守科研道德的模范和表率。每名未退休院士受聘的院士工作站不超过 1 个、退休院士不超过 3 个，院士在每个工作站全职工作时间每年不少于 3 个月
评审专家、咨询专家、评估人员、经费审计人员	忠于职守，严格遵守科研诚信要求和职业道德，按照有关规定、程序和办法，实事求是，独立、客观、公正开展工作
科技管理人员	正确履行管理、指导、监督职责，全面落实科研诚信要求

资料来源：根据《诚信建设意见》《作风学风意见》整理。

《作风学风意见》第十一条再次强调了各类主体的责任。科研机构要把教育引导和制度约束相结合，对违背科研诚信要求的行为"零容忍"，在晋升、表彰、参与项目方面"一票否决"；压紧压实监督管理责任，健全科研诚信审核、科研伦理审查等有关制度和信息公开、举报投诉、通报曝光等工作机制；对违反项目申报实施、经费使用、评审评价等规定，违背科研诚信、科研伦理要求的，敢于揭短亮丑。科研人员要树立"红线"意识，遵守学术道德，坚守科研伦理规范，如不将科研任务分包他人，不侵占他人成果，对于已有的错误要以适当方式予以公开和承认；不参加自己不熟悉领域的咨询评审活动，不掌握情况、不了解内容时不在意见建议上署名签字。在国家层面出台的其他科研诚信政策中，大多也涉及了压实主体责任的内容。

2020 年 7 月，科技部与国家自然科学基金委员会发布《科技部　自然科学基金委关于进一步压实国家科技计划（专项、基金等）任务承担单位科研作风学风和科研诚信主体责任的通知》（国科发监〔2020〕203号）（以下简称《主体责任通知》），在国家科技计划（专项、基金等）实施全过程加强科研诚信管理。《主体责任通知》指出第一责任主体在承担国家科技计划（专项、基金等）任务时要将科研作风学风和科研诚信建设工作摆上重要日程，并着重提出强化信息报送、科研数据汇交、科研诚信承诺3项制度。文件对各单位塑造良好的科研作风学风和科研诚信建设氛围提出要求。例如，加强日常教育引导，在重要节点开展诚信教育，进行作风学风与诚信状况考评；对严重违背科研诚信等要求的要严肃查处等。各有关单位的主体责任履行情况也将纳入诚信记录。

4. 科研诚信案件调查处理规定

科研诚信案件的调查处理是科研诚信建设中至关重要的一环，公正、透明、客观的查处结果将起到积极的警示教育作用。

2019年9月，科技部等20家单位联合印发的《科研诚信案件调查处理规则（试行）》明确了7类科研失信行为、科研诚信案件的调查处理流程及各主体的职责，为科研诚信案件的调查处理提供了统一的依据。科研诚信案件调查处理流程包括接受举报和受理、调查、处理、申诉与复查等环节（图1-1）。

《科研诚信案件调查处理规则（试行）》出台之后，国家自然科学基金委员会根据自身职能和自然科学基金管理特点，印发了《国家自然科学基金项目科研不端行为调查处理办法》。该办法指出，国家自然科学基金委员会只受理与科学基金工作相关的举报材料，举报材料经国家自然科学基金委员会初核并作出受理决定，调查环节由国家自然科学基金委员会组织、会同、直接移交或委托相关部门开展，国家自然科学基

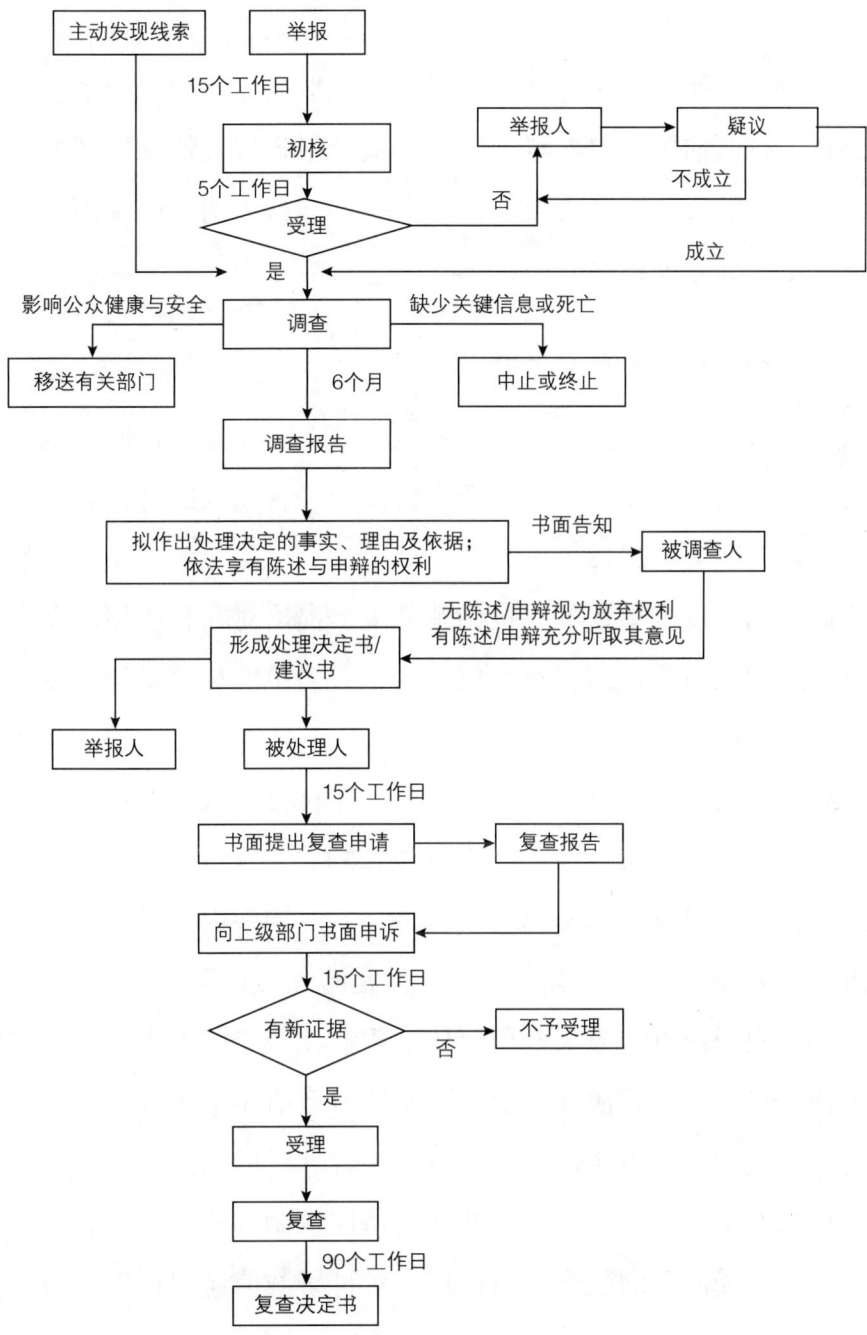

图 1-1 科研诚信案件调查处理流程

（资料来源：根据《科研诚信案件调查处理规则（试行）》整理）

金委员会保留自行调查的权力。一般情况下，调查将由项目依托单位或科研不端行为人所在单位开展，调查结束后形成完整的调查报告并加盖单位公章，按时向国家自然科学基金委员会报告有关情况。在处理决定方面，国家自然科学基金委员会根据科研不端行为的实施主体及情节轻重，设定不同的处理细则。

5. 科研失信行为联合惩戒政策

2018 年 11 月，国家发展改革委、科技部等 41 家单位联合发布《印发〈关于对科研领域相关失信责任主体实施联合惩戒的合作备忘录〉的通知》（发改财金〔2018〕1600 号），旨在建立健全科研领域失信联合惩戒机制，构筑诚实守信的科技创新环境，提出对在科研领域存在严重失信行为，列入科研诚信严重失信行为记录名单的相关责任主体，实施单部门或跨部门惩戒措施。

联合惩戒措施共有两种类型：一种是在科技领域内的惩戒，包括限制或取消一定期限申报或承担国家科技计划（专项、基金等）的资格、暂停或取消国家科学技术奖提名人资格、一定期限内或终身取消院士提名（推荐）资格等共 9 条措施；另一种是跨领域的联合惩戒，共 34 条措施，如中央组织部等有关部门可依法限制招录（聘）为公务员或事业单位工作人员、自然资源部可依法限制取得政府供应土地、国家市场监管总局可依法限制取得生产许可证等。联合惩戒的信息共享主要通过全国信用信息共享平台完成。信息共享与协同机制构建起了科研领域"一处失信，处处受限"的联合惩戒格局，对科研诚信违规行为起到了一定的威慑作用。

（二）重点领域的科研诚信政策

我国多个行业主管部门根据本行业特点出台了相应的科研诚信管理政策，此处重点围绕医学、农业、期刊出版3个领域进行介绍。

1.医学领域

为引导广大医学科研人员提高诚信意识，养成良好科研行为习惯，2021年1月，国家卫生健康委、科技部、中医药管理局联合印发了《关于印发医学科研诚信和相关行为规范的通知》（国卫科教发〔2021〕7号），分别就医学科研人员和医学科研机构的科研诚信规范作出规定。该文件具有突出的医学领域特色，如在诚实记录研究过程和结果方面提出如实、规范书写病历，及时报告严重不良反应信息；在树立公共卫生和实验室生物安全意识方面指出应按照规定报告传染病、新发或疑似新发的传染病例，留存相关凭证；在数据处理方面提出对于人体或动物样本的储存、分享和销毁要遵循相应的生物安全管理规定；在成果推广和宣传方面强调与疫情相关的研究结果应严格遵守疫情防控管理要求（表1-2）。

表1-2　《医学科研诚信和相关行为规范》中针对医学领域特点的规定

类别	内容
诚实记录研究过程和结果	如实、规范书写病历，包括不良反应和不良事件，依照相关规定及时报告严重的不良反应和不良事件信息
树立公共卫生和实验室生物安全意识	在涉及传染病、新发传染病、不明原因疾病和已知病原改造等研究中，要树立公共卫生和实验室生物安全意识。在相应等级的生物安全实验室开展研究，病原采集、运输和处理等均应当自觉遵守相关法律法规要求，要按照法律法规规定报告传染病、新发或疑似新发的传染病例，留存相关凭证，接受相关部门的监督管理

类别	内容
数据处理	研究结束后，对于人体或动物样本、毒害物质、数据或资料的储存、分享和销毁要遵循相应的生物安全和科研管理规定。相关论文等科研成果发表后1个月内，要将所涉及的原始图片、实验记录、实验数据、生物信息、记录等原始数据资料交所在机构统一管理、留存备查
成果推广和宣传	医学科研人员发布与疫情相关的研究结果时，应当牢固树立公共卫生、科研诚信和伦理意识，严格遵守相关法律法规和有关疫情防控管理要求

资料来源：根据《医学科研诚信和相关行为规范》整理。

2. 农业领域

2021年6月，农业农村部办公厅发布了《农业农村部办公厅关于印发农业科研诚信建设规范十条的通知》（以下简称《规范十条》），明确了农业领域科研诚信建设的责任主体是从事农业科研活动的各类科研院所、高校、企业、社会组织等，其主要负责人承担领导责任。《规范十条》进一步细化了农业领域科研诚信建设的工作重点，提出了针对农业科研活动特点的科研诚信要求。例如，在科技成果验收方面，以把好新品种、新农（兽）药、新机具、新装备的学术关、诚信关为重点；在农业科技活动档案管理与追溯方面，强调水土气温、作物病虫害、动物疫情及种质相关档案的保存；在健全科研伦理方面，特别提出要加强对生物育种、动物试验、农（兽）药创制、生物饲料或产品研发、农产品加工技术研究、人工智能与智慧农业技术应用的伦理审查和过程监督；在弘扬科学家精神方面突出了为民服务"孺子牛"、创新发展"拓荒牛"、艰苦奋斗"老黄牛"等精神（表1–3）。

表 1-3   《规范十条》中的有关规定

相关条款	具体内容
加强农业科技成果及奖项等前置监管	新品种、新农（兽）药、新机具、新装备等成果验收前，严格把好学术关、诚信关。重点防范抄袭剽窃、数据图片造假、一稿多投、不实署名、虚假标注及虚报社会与经济效益，伪造合作合同、技术报告、检测报告、信用报告或应用证明，隐瞒技术风险，伪造夸大评议意见等
抓好农业科技活动档案管理与追溯	遵循农业科研长周期性和生态区域性等特点，注重以下科研档案的保存：水土气温、作物病虫害、动物疫情等农业基础性长期性监测，种质资源收集、保存、评价与利用，新技术产品研发、示范与推广应用等科技活动
建立健全农业科研伦理和安全管理制度	加强对生物育种、动物试验、农（兽）药创制、生物饲料或产品研发、农产品加工技术研究、人工智能与智慧农业技术应用等相关科研活动的伦理审查和过程监督
传承弘扬科学家精神和农业科研优良传统	大力发扬为民服务"孺子牛"、创新发展"拓荒牛"、艰苦奋斗"老黄牛"的精神；传承和发扬"北大荒精神""南沙精神""祁阳站精神""太行山精神""曲周精神"等农业科研领域优良传统

资料来源：根据《规范十条》整理。

3. 期刊出版领域

2014 年 4 月，国家新闻出版广电总局发布《国家新闻出版广电总局关于规范学术期刊出版秩序促进学术期刊健康发展的通知》，明确指出规范学术期刊出版秩序，提高学术期刊出版质量，促进学术期刊健康发展。该文件要求学术期刊要注重学术道德和科研诚信建设，自觉抵制学术不端行为，禁止由其他单位和个人代理发表论文，杜绝刊发抄袭、剽窃他人成果的文章,对学术期刊出版质量低劣、刊载拼凑或剽窃论文的依法予以行政处罚。2019年5月,国家新闻出版署发布《学术出版规范　期刊学术不端行为界定》(CY/T 174—2019),这是学术出版界的首个行业标准[5]。标准对期刊学术不端的常见术语进行界定,同时界定了学术期刊论文作者、审稿专家、编辑者可能涉及的学术不端行为,为学术期刊论文出版过程中各类学术不端行为的判断和处理提供了参考(表1-4)。

表1-4　期刊出版中各类主体的学术不端行为

主体	学术不端类别
论文作者	剽窃、伪造、篡改、不当署名、一稿多投、重复发表、违背研究伦理及其他
审稿专家	违背学术道德的评审、干扰评审程序、违反利益冲突规定、违反保密规定、盗用稿件内容、谋取不正当利益及其他
编辑者	违背学术和伦理标准提出编辑意见、违反利益冲突规定、违反保密要求、盗用稿件内容、干扰评审、谋取不正当利益及其他

注:论文作者剽窃主要包括观点剽窃、数据剽窃、图片和音视频剽窃、研究(实验)方法剽窃、文字表述剽窃、整体剽窃、他人未发表成果剽窃。

资料来源:根据《学术出版规范　期刊学术不端行为界定》(CY/T 174—2019)整理。

（三）地方的科研诚信政策

目前,我国各省(自治区、直辖市)均出台了本地区的科研诚信建设相关政策。2018年5月30日至2021年9月30日,31个省(自治区、直辖市)累计出台科研诚信建设相关政策文件55个(附录2)。其中,2018年为15个,涉及14个省(自治区、直辖市);2019年为20个,涉及 19 个省（自治区、直辖市）；2020 年为 8 个，涉及 8 个省（直辖市）；
2021 年为 12 个，涉及 10 个省（自治区、直辖市）（图 1-2）。

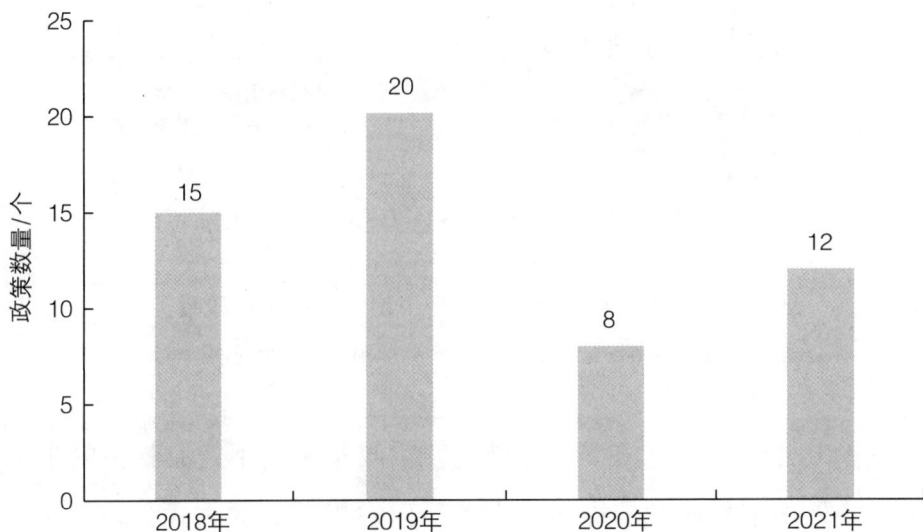

图 1-2　各省（自治区、直辖市）出台科研诚信政策数量

（资料来源：根据各省（自治区、直辖市）科技管理部门网站整理）

从政策类型看，55 个文件中有 53 个属于科研诚信建设专门文件，
其中 30 个为科研诚信建设综合类政策，占比 54.55%；12 个为科技计
划相关政策，涵盖科技计划中的科研诚信管理、失信行为记录、主体责
任落实、评审专家管理等内容，占比 21.82%；3 个为科研诚信案件调查
处理类政策，3 个为科研信用记录类政策，3 个为科研诚信建设其他类
政策，各占比 5.45%；还有 4 个为与科研诚信建设相关的非专门文件，
包括促进科技创新、深化"三评"改革、"破四唯"等内容，占比 7.27%
（图 1-3）。

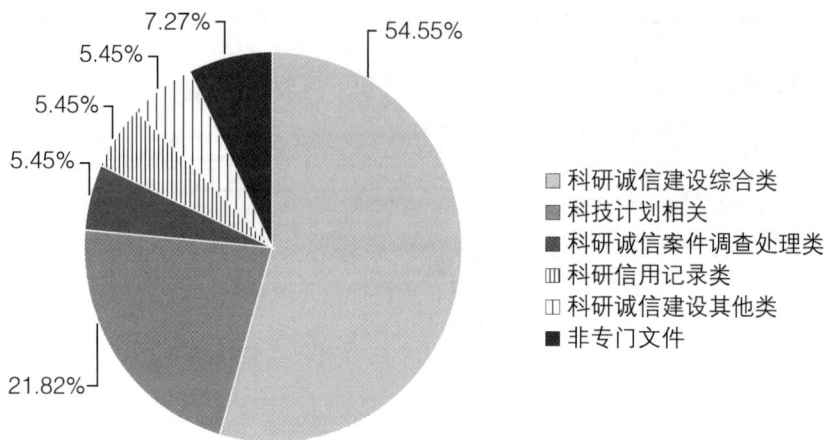

图 1-3 各省（自治区、直辖市）出台科研诚信政策类型

（资料来源：根据各省（自治区、直辖市）科技管理部门网站整理）

各省（自治区、直辖市）的科研诚信政策中，不乏有特色的举措和规定。《重庆市科研诚信提醒二十条》以"提醒"的方式，将科研人员应特别注意的科研不端行为予以概括说明，与一线科研活动联系紧密。例如，在原始数据的保存上，强调不得"有选择地记录数据以获得特定的结果"；在文献引用上，提出"不得为提高文章被引率而盲目自引或相互引用"；在科研协作的规定上，指出"不得假借合作名义弄虚作假，骗取国家和社会资源"等。山西省出台《关于加强领导干部科研诚信建设若干举措》，从建立责任清单、负面清单、承诺制度、联动监督和联合惩戒等 5 个方面，对领导干部的科研诚信建设提出要求，强化自上而下的带头作用。上海市出台《上海市科技信用信息管理办法（试行）》，明确了科技信用信息的采集、使用和管理要求，对科技信用信息的内涵和类型进行了界定（即"管什么"），对日常信息汇交的职责提出要求（即"谁来管"），并说明了信息的查询权限、守信激励与失信惩戒的规则、异议和信用修复程序等（即"怎么管"）。

三、科研诚信管理

进入 21 世纪，随着国内外科研不端行为的屡屡曝光，科研诚信成为世界各国政府和科技界共同关注的焦点，也成为我国科技界乃至全社会的热门话题。当前，以国家科研诚信建设联席会议制度为统筹指导，国家行业主管部门、地方科技主管部门、科研主体、科学共同体各司其职的科研诚信管理体系初步建立。本部分重点介绍科研诚信建设联席会议制度、部门科研诚信管理和地方科研诚信管理。

（一）科研诚信建设联席会议制度

自 2007 年成立以来，科研诚信建设联席会议成员单位数量逐步增加，截至 2022 年 4 月已达 21 家（见专栏 1-2）。科研诚信建设联席会议制度在协调统筹各方面力量、共同推进我国科研诚信与信用体系建设中的核心作用日益凸显。

专栏 1-2　科研诚信建设联席会议成员单位

截至 2022 年 4 月，科研诚信建设联席会议成员单位共有 21 家，分别为科技部、教育部、中国科学院、中国工程院、国家自然科学基金委员会、中国科协、中国社会科学院、工业和信息化部、农业农村部、人力资源社会保障部、国家发展改革委、国家卫生健康委、军委装备发展部、军委科技委、中央宣传部、最高人民法院、最高人民检察院、公安部、国务院国资委、财政部、国家市场监管总局。

科研诚信建设联席会议的职责包括：一是贯彻落实党中央、国务院关于科研作风和学风、科研诚信与信息体系建设等的决策部署，研究科研诚信与信用体系建设的重大政策措施。二是协调解决科研诚信与信用体系建设过程中的重大问题，如联席会议审议科研诚信信用记录共享、科研不端行为调查处理工作职责分工，并提出补充和修改意见。三是组织开展对科研诚信重大案件的联合调查、联合惩戒和信息共享，如撤稿事件发生后，联席会议对科技部牵头提出的撤稿论文涉事责任主体处理规则等事项进行了讨论，要求相关部门组织本系统内的涉事作者所在单位深入彻查（见专栏1-3）。四是指导开展有关科研作风和学风、科研诚信的宣传教育和活动，研究协调科研诚信与信用体系建设有关的其他重要事项。

科研诚信建设联席会议下设办公室，相关工作由科技部科研诚信建设办公室承担。联席会议原则上每年召开一次会议。

专栏1-3 科研诚信建设联席会议专题研究处理论文造假工作

2017年4月，施普林格·自然出版集团发布声明，撤销《肿瘤生物学》期刊所刊登的107篇论文。此次被撤稿论文的作者全部来自中国，撤稿原因为论文作者编造审稿人和同行评审意见。为妥善处理该事件，2017年6月5日，科研诚信建设联席会议第六次会议在科技部召开，专题研究处理论文造假工作。

科研诚信建设联席会议要求相关部门组织本系统内的涉事作者所在单位承担起主体责任，深入彻查清楚，发现一起、查处一起，绝不姑息。与会部门对科技部牵头提出的撤稿论文涉事责任主体处理规则，以及在国家临床医学研究中心先行先试临床医生分类评价和职称改革等事项进行了讨论。

科研诚信建设联席会议办公室汇报了关于集中撤稿事件的应对工作。撤稿事件发生后，科技部牵头会同教育部、国家卫生计生委、国家自然科学基金委员会和中国科协等部门成立联合工作组，提出了统一的撤稿论文涉事责任主体处理规则，印发了彻查处理工作方案，按照统一的彻查要求和处理规则，从行政调查和专家评议两个方面，对论文造假情况、论文质量、论文署名情况、撰写发表过程、代写代投第三方机构情况、论文作者承担项目情况、论文使用情况、论文发表费用及支付情况等开展彻查，确保做到对造假作者严肃惩处，对无过错的作者及时澄清。同时对涉事论文作者承担计划项目、基金情况全面排查，对涉事论文作者正在承担或申请的科研项目、基金予以暂停。科技部、教育部、国家卫生计生委、国家自然科学基金委员会、中国科协等部门联合发函，商请中央网信办开展代写代投"黑中介"清网工作并进入实施阶段。

资料来源：根据科技部网站《科研诚信建设联席会议第六次会议在京召开》内容整理。

（二）部门科研诚信管理

在科研诚信建设联席会议的统筹指导下，相关部门根据要求，建立健全职责明确、高效协同的科研诚信管理体系。部门在科研诚信管理体系中发挥重要枢纽作用，如落实联席会议安排、制定发布本领域的科研诚信制度、查处惩戒本领域的科研诚信案件、开展本领域的科研诚信教育宣传、强化本领域的科研诚信要求和监督管理。本部分从组织架构、制度建设和活动开展等方面对科技部、教育部等部门的科研诚信管理体系进行介绍。

1. 科技部

2006 年，《国家科技计划实施中科研不端行为处理办法（试行）》（科学技术部令第 11 号）出台后，科技部成立了科研诚信建设工作领导小组和科研诚信建设办公室，负责科研诚信建设的日常工作。2018 年，科技部专门设立科技监督与诚信建设司，加强新时期科研诚信建设工作。

2018 年以来，科技部围绕科研诚信建设开展了大量工作。一是牵头起草了多项科研诚信领域重大政策文件，如《诚信建设意见》《作风学风意见》等。二是牵头建立联合工作机制，查处论文造假等违规案件并通报处理结果。2020 年，科技部联合国家卫生健康委等单位对 400 余篇医务人员论文涉嫌造假、121 篇细胞生物学和医药学领域论文涉嫌造假等多起案件开展联合调查处理，查处结果陆续向社会进行了公开通报。三是建设科研诚信管理信息系统。该系统于 2019 年 8 月开通运行，科研诚信建设联席会议各成员单位及有关部门和部分省级科技管理部门依托系统实现了科研严重失信行为信息的在线汇交、在线审核。四是持续开展清网行动，打击论文代写代投"黑中介"。科技部会同中央网信办、国家市场监管总局建立工作机制，持续实施清网行动，将案件调查和网络监控中发现的论文代写代投"黑中介"线索及时转中央网信办、国家市场监管总局予以打击。五是开展能力建设，举办科技监督与诚信案件调查处理实务培训班，深化项目评审、人才评价、机构评估改革政策专题培训班等。

2. 教育部

教育部成立教育部学风建设协调小组，下设社科类学风办公室和科技类学风办公室，办公室主要职责：制定高校学风建设相关政策；组织开展学术道德和学风建设研究及宣传教育活动；受理直属高校学风问题举报并组织对重大学风问题进行调查核实，提出处理建议；宏观指导、督促高校加强学风建设等。

在科研诚信教育培训方面，教育部突出科学道德教育，在入学教育等学生培养环节中强化科研道德教育内容，鼓励面向全体学生开设诚信教育相关课程并纳入学分管理。同时，丰富科研诚信培训体系，将科研诚信培训纳入新入职教师岗前培训、新聘研究生导师培训等日常工作中。据不完全统计，2019年教育部科技委组织专家开展的学风宣讲活动有200余场，受众达24万人次。

在高校科研不端行为查处方面，根据被举报人所在单位行政隶属关系，由部属高校或省级教育部门开展调查认定处理，落实科研不端举报调查处理的认定事实、处理依据、调查专家名单"三必报"。

3. 国家自然科学基金委员会

1998年12月，国家自然科学基金委员会监督委员会成立，在国家自然科学基金委员会党组领导下独立开展学术监督工作。监督委员会由国家自然科学基金委员会聘请有关科学家和管理专家组成，实行任期制。2005年3月，监督委员会全体会议审议通过《国家自然科学基金项目科研不端行为调查处理办法》。国家自然科学基金委员会持续推进规章制度建设，制定《科研诚信建设办公室廉政风险防控手册》，从 2019 年起，在《国家自然科学基金项目指南》"申请须知"中增加科研诚信相关内容。

科研诚信建设办公室承担监督委员会办公室的工作，负责国家自然科学基金科研诚信建设并对科研不端等违规行为进行调查处理；负责国家自然科学基金资助经费监管审计和有关内部审计等。

国家自然科学基金委员会公开科研诚信建设相关信息，在门户网站信息公开的"表彰与处理"下的"处理决定"栏目发布每年查处的"不端行为案件处理决定"，并在年度报告中公布不端行为案件受理、调查处理及资金监督检查情况（表1–5）。

表 1–5　2018—2020 年国家自然科学基金委员会信息公开工作年度报告中
有关科研诚信的内容

年份	科研诚信相关内容
2020	在国家自然科学基金委员会官方网站"处理决定"栏目先后分两批次发布"2020 年查处的不端行为案件处理决定"，在年度报告中公布不端行为案件受理、调查处理及资金监督检查情况
2019	在年度报告"推进重点领域信息公开"部分，明确公开"科研不端行为处理决定"。在国家自然科学基金委员会官方网站"信息公开"栏目和监督委员会网站公开了 2019 年度查处的给予通报批评处理的科研不端行为处理决定 10 份，涉及 10 位被处理责任人和 1 个被处理依托单位。另外，也公开了 2018 年度各类投诉举报、自查案件的调查处理情况和 2019 年度资助项目资金监督和检查工作情况

年份	科研诚信相关内容
2018	在"推进重点领域信息公开"中公开"科研不端行为处理决定"。在国家自然科学基金委员会门户网站"信息公开"栏目和监督委员会网站公开了2018年度查处的给予通报批评处理的科研不端行为处理决定7份,涉及7位被处理责任人和1个被处理依托单位。另外,也在国家自然科学基金委员会官方网站公布了《国家自然科学基金资助项目会议评审驻会监督工作实施细则》

资料来源:根据国家自然科学基金委员会《信息公开年度报告》整理。

国家自然科学基金委员会积极支持科研诚信相关研究,如强化国家自然科学基金监督体系研究、科学基金科研诚信管理机制优化研究等。

4. 中国科学院

中国科学院设立了科研道德委员会,委员会办公室设在监督与审计局。在学部主席团下设立学部科学道德建设委员会。

中科院科研道德委员会受院党组委托,负责全院科研诚信建设工作,通过制定政策规范、完善运行机制、启动院级调查等方式,建立院、分院、院属单位三级科研诚信管理体系,指导全院科研诚信建设。中科院11个分院均成立了科研道德建设督导委员会,行使协调和督查职责,明确了办事机构,推动中科院各下属研究所设立诚信专员。科研道德委员会办公室负责落实科研道德委员会各项决策部署,加强对全院科研诚信工作的监督检查,受理涉及中科院人员的科研不端行为举报。院机关有关部门是分管学科领域和科研计划等科研活动诚信建设的责任主体,受科研道德委员会委托,调查处理相关科研不端行为。

5. 中国工程院

中国工程院负责科研诚信工作的部门是科学道德建设委员会，其职能包括加强院士自身和学部的科学道德和学风建设，提倡和宣传院士中在道德、学风方面的楷模，反对和批评院士中违背科学道德的不良现象，发挥院士群体在科技界的表率作用。在主席团领导下，科学道德建设委员会指导各学部常委会处理学部内部发生的与科学道德和学风有关的问题；受主席团委托，对有关科学道德与学风问题的个案进行研究，提出意见。

2018 年，中国工程院对所有来信或投诉，无论署名还是匿名，只要有实质内容，都根据《中国工程院院士违背科学道德行为处理办法》进行调查、核实与处理，对署名投诉都进行回复，所有投诉信处理情况在中国工程院科学道德建设委员会会议上进行了报告。为加强院士科学道德建设、严肃增选工作纪律，中国工程院在全体工程院院士中开展了"守正扬清"主题宣讲活动，要求有投票权的院士必须参加。2020 年 12 月，中国工程院发布《中国工程院院士行为规范》《中国工程院院士失范行为处理办法》，前者明确提出"反对学术不端"，后者对中国工程院院士科研失范行为进行了说明，明确了失范行为的受理和处理程序。

6. 国家卫生健康委

国家卫生健康委、科技部、国家中医药管理局结合相关法律法规修订了《医学科研诚信和相关行为规范》。修订后的文件进一步明确了医学科研诚信及相关行为的准则，将与《科研诚信案件调查处理规则（试行）》协同发挥作用，持续改进、不断营造风清气正的医学科研氛围。国家卫生健康委组织全国卫生健康科技管理干部培训班，将科研诚信作为重要培训内容，推动各地区诚信管理制度建设。国家卫生健康委在官网开设医学科研诚信专栏，宣传科研诚信政策法规。在案件查处方面，国家卫生健康委对各级卫生健康行政部门所属医疗卫生机构、医学科研机构按照《医学科研诚信案件调查处理规则（试行）》查实并公开通报的科研诚信案件调查处理结果予以转载通报。2021 年 6 月 8 日至 12 月 10 日，国家卫生健康委已 11 次转载通报共 239 起科研诚信案件调查处理结果。

（三）地方科研诚信管理

各地方积极推动科研诚信和科技监督工作，31 个省（自治区、直辖市）科技管理部门强化了科研诚信和科技监督职能，其中 16 个省（自治区、直辖市）的科技厅（委、局）新设立了科技监督与诚信建设处，专门负责科研诚信建设管理工作。其职能范围主要包括健全科研诚信监管机制，完善相关管理制度，建立科研诚信信息管理系统和共享机制，建立科研诚信跨部门联合调查机制、问责机制和责任倒查机制，组织开展对于重大失信行为的调查，依法依规开展联合惩戒，推进科技信用指标体系建设等。

通过学习借鉴科研诚信建设联席会议的经验做法，北京、浙江、内蒙古、四川等结合地方实际建立了符合本地特点的科研诚信联席会议机制，实现了地方与国家在科研诚信建设工作机制上的衔接。一些省市注重科研诚信建设的信息化、智能化、数字化，如上海科技信用信息平台依托当地公共信用信息平台，作为科技项目管理平台的子平台，实现与当地社会信用管理体系互联互通，并实现向科技部科研诚信信息系统汇交信息。

四、科研主体科研诚信建设

（一）科研主体的科研诚信政策

在国家相关主管部门、地方科技管理部门指导下，我国高校、科研院所和医院制定了一系列科研诚信政策。问卷调查结果显示，截至2021年9月，75.4%的科研主体制定了科研诚信相关政策。这些政策涵盖了科研单位的科研诚信行为规范、科研诚信案件调查处理、科研诚信教育引导等多方面内容，涉及教师、专职科研人员、医生、学生等各类科研人员。但是，仍有很多科研主体尚未制定科研诚信政策，或者存在政策的落实效果不佳、缺少配套举措等问题。

（二）科研主体的科研诚信管理

随着全社会对科研诚信关注度的提高，各科研主体对科研诚信管理的重视度也在不断增强。问卷调查结果显示，90%以上的高校和全部科研院所都建立了由高校和科研院所主要领导分管的科研诚信工作机制。目前，科研单位主要通过学术委员会、学风建设委员会、科研诚信与科研道德工作组或已有的职能部门开展本单位的科研诚信管理工作。从管理人员上看，绝大多数单位都缺乏专职的科研诚信管理人员。

科研诚信案件的查处是科研诚信管理中至关重要的一环。问卷调查结果显示，3类科研主体中，高校和医院科研诚信案件发生数量较多。2020年，提交问卷的115家高校全年发生的科研诚信案件数量为179起，其中查实存在科研不端行为的有97起，占被调查案件总数的54.2%。2019—2020年，227家科研院所共发生科研诚信案件24起，其中查实存在科研不端行为的有 8 起；28 家医院中有 12 家医院查实存在科研不端行为，共 17 起。毕业压力、缺少科研诚信相关知识、职称晋升压力是造成科研人员发生科研不端的主要原因。

问卷调查结果显示，中国科协所属的学会中，有 64% 的学会结合学科领域实际情况，发出过相关倡议、宣言或行动计划，然而只有不足 50% 的学会建立了对所属会员科研不端行为的审查、处置机制。期刊落实科研诚信建设成效明显，在调查涉及的投稿作者科研诚信规范、审稿专家科研诚信规范、编辑人员科研诚信规范、稿件三审三校制度、退稿拒稿原则、疑似科研不端行为处理规则、撤稿原则、失信作者黑名单 8 个维度上，大部分期刊都建立了相应的规范体系，并有较好的落实效果。

（三）科研主体的科研诚信教育宣传

目前，科研主体的科研诚信教育宣传以讲座形式为主，开设专门课程的较少。问卷调查结果显示，2020 年开展了科研诚信、科技伦理相关培训的高校占比达 78.3%，开设科研诚信课程的高校比例为 44.3%，与科研诚信教育全覆盖的要求依然有很大差距。2020 年，56.8% 的科研院所开展了科研诚信相关的培训，不到 10% 的科研院所开设了科研诚信课程。医院科研诚信教育宣传工作均是以讲座培训形式开展的，提交调查问卷的 28 家医院中仅 1 家开设了相关教育课程。中国科协所属的学会中超过 60% 的学会举办了讲座或宣讲活动。

五、科研诚信建设成效与展望

（一）成效

经过40余年的不断探索和发展，我国科研诚信建设取得了丰硕成果，科研诚信制度环境逐步完善，科研诚信建设联席会议成员单位数量逐步增多，国家层面初步建成职责明确、齐抓共管的科研诚信管理体系。科技部、教育部、国家卫生健康委、中国科学院、中国工程院、中国科协、国家自然科学基金委员会等部门和机构不断完善科研诚信制度、丰富管理手段，各领域的科研诚信工作得到实质性开展。2018年以来，相关部门出台了一系列文件和制度，以"零容忍"态度打击科研不端。同时，国家深入推进科技管理与评价改革，树立正确的价值导向。在科技计划管理的改革实践中，科研诚信管理已嵌入科技管理的全流程。近些年，科技工作者和公众对科研诚信的满意度有所提高，良好的学术生态正在形成。

1.初步形成处理、预防和正面引导相结合的科研诚信建设格局

我国科研诚信建设经历了从对科研诚信案件被动响应，到处理、预防和正面引导相结合的新格局。在处理方面，规范调查处理流程，做到有章可循，加大处理力度。在预防方面，科研诚信审核制度、承诺制度、科研数据汇交等制度的建立，为科研人员遵守科研诚信要求、确保科研活动真实可信提供了保障。在正面引导方面，大力弘扬新时代科学家精神，弘扬追求真理、严谨治学的求实精神，加强作风和学风建设，营造风清气正的科研环境。

2. 科研诚信管理机制和责任体系进一步明确

我国已基本建立了国家相关部门、地方科技管理部门、从事科研活动的各类机构、科技社会团体等职责明确、协同共治的科研诚信管理机制和责任体系，出台了多项科研诚信相关制度。强调从事科研活动的各类科研院所、高校、企业、社会组织等是科研作风学风和科研诚信建设第一责任主体，要主动作为，加强科研诚信宣传教育，切实履行调查处理责任，严肃查处严重违背科研诚信要求的行为，对严重违背科研诚信要求责任人采取联合惩戒措施，确保科研作风学风和科研诚信建设各项要求落实到位。

3. 科研失信行为界定和科研诚信案件调查流程逐步完善

随着科研诚信建设工作的推进，完善了"科研失信行为"的界定，从职责分工、调查、处理、申诉复查、保障与监督等方面，明确了调查处理规则、调查程序和处理尺度，科研诚信违规行为调查更具操作性、逐步规范化。2020年面向科技工作者的作风学风调查显示，与2013年和2018年两次调查相比，科技工作者认为各类科研不端行为大幅减少，这也在一定程度上反映出科研诚信状况得到明显改善。

4. 对科研诚信案件的查处更加及时公开

目前，我国对科研诚信案件的调查处理时间、单位职责等都有明确规定，如接到举报的单位应在15个工作日内进行初核，科研诚信案件应自决定受理之日起6个月内完成调查，保证对于科研诚信案件及时响应。科技部、国家自然科学基金委员会和国家卫生健康委等部门及科研单位强化了对科研不端行为的公开通报，发挥了很好的警示作用。2021

年科技工作者调查显示，81.8%的科技工作者对单位针对科研不端或科技伦理失范行为的处理结果"满意"或"非常满意"，"不满意"或"不太满意"的仅占4.7%。

5. 科技工作者和公众对科研诚信的满意度有所提高

2020年科技工作者调查显示，我国科研不端问题稳步改善。超过半数的科技工作者认为常见的科研不端行为得到改善，被调查的科技工作者中仅有3.2%认为自己所在单位出现过科研不端或科研伦理失范行为。76.1%的科技工作者认为其所在单位会高度重视、立即调查、及时处理被曝光的科研不端行为。在制度建设方面，超过30%的科技工作者认为我国科研伦理审查监管制度完善；近40%的科技工作者认为当前我国科研诚信监督机制的建设情况"好"或"较好"，仅有20%的科技工作者认为"不好"或"非常不好"。

（二）展望

当前，我国开启建设科技强国新征程，加快实现高水平科技自立自强，需要进一步加强科研诚信管理体系建设，涵养优良的科研生态。展望未来，我国科研诚信建设的方向是积极开展科研诚信的正面引导，提倡开展负责任的研究，强化科研诚信相关政策落实。通过采取一系列可执行可推广的举措完善科研诚信末端治理，将工作重点从制度建设、体制机制建设转向政策落实。结合科研主体在科研诚信建设中的共性问题，丰富科研诚信工具箱，助力各方打通政策落实的"最后一公里"。科研单位自身需要进一步细化单位内部科研诚信管理责任，结合单位实际制定良好科研行为准则、科研诚信提醒，开展针对性课程教育和培训，建立风险点预防管理措施，通过设置专职化的科研诚信管理队伍，促进科研诚信管理能力和水平提升。充分发挥科学共同体、期刊和出版机构作用，在相关标准、行为规范制定，科研诚信案件调查处理，教育与培训引导等方面采取切实举措，并将科研不端调查结果与会员资格、相关评奖评优资格、编委审稿人资格挂钩，进而提高科研人员的科研诚信意识和相关知识水平。积极开展科研诚信领域的国际交流与合作，充分展示我国科研诚信工作，增进国内外科技界彼此的了解与信任，提升我国科技界的国际形象。

第二章

科研主体科研诚信建设状况

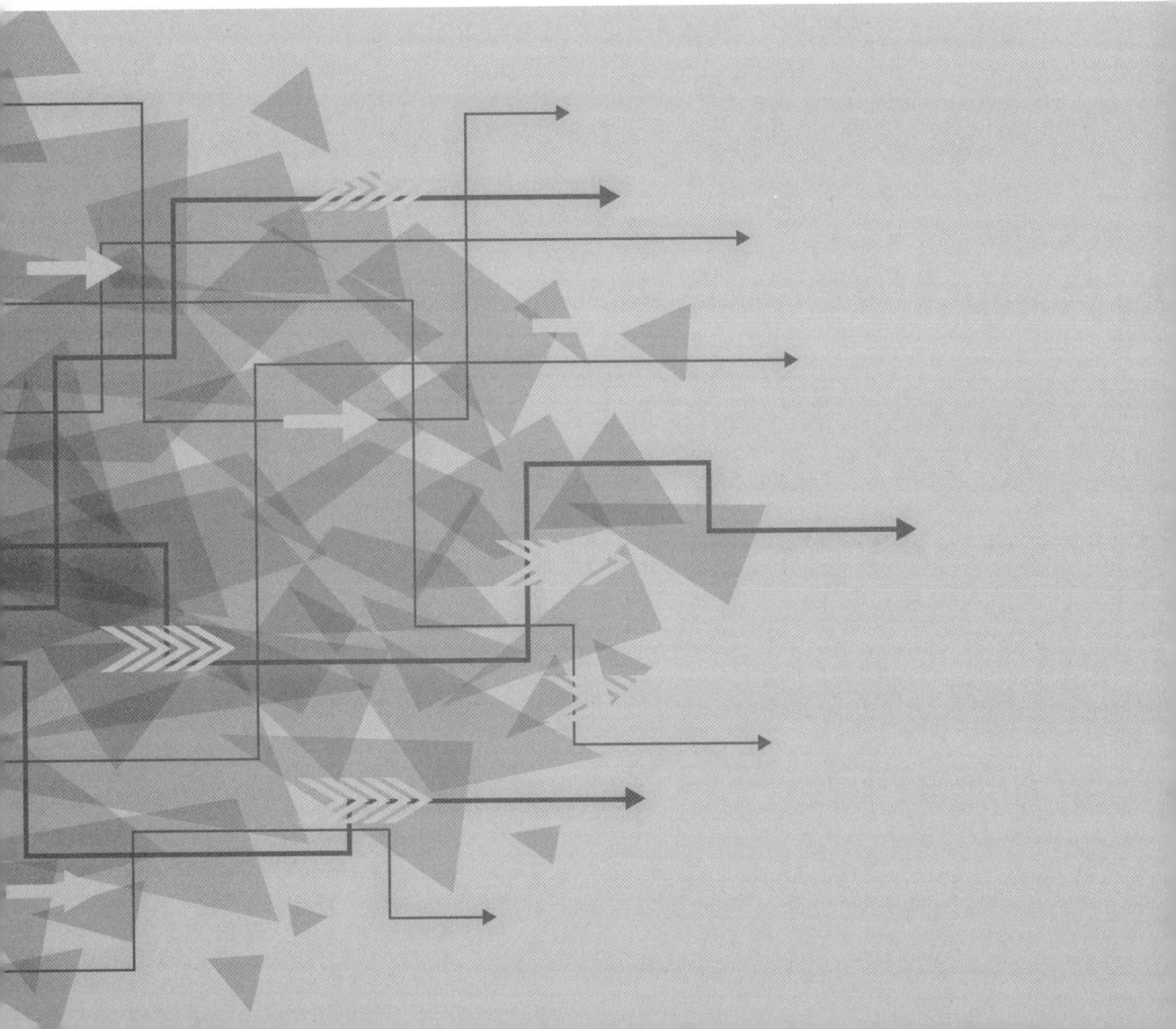

科研主体是国家创新体系的重要组成部分，是知识创造、科技进步和人才培养的重要载体。近年来，我国发生的科研诚信案件多与高等学校、科研院所、医院等科研主体相关，科研主体已成为我国科研诚信建设的主阵地。

本章主要介绍科研主体（涵盖高等学校、科研院所和医院）在科研诚信制度建设，管理体系建设，案件受理、调查与处理和教育培训4个方面的进展。科研主体的科研诚信相关数据主要来自两个方面：一是对2016—2018年国家重点研发计划项目牵头单位的问卷调查。2021年9—10月，共向571家科研单位发放了《科研主体科研诚信与作风学风建设状况调查问卷》，累计回收有效问卷370份，占发放问卷总数的64.8%。本章中的问卷调查数据均基于370份有效问卷，相关比例如无特殊说明，均为在370家科研主体中的占比（附录3）。二是在本书编写期间，对50余家高等学校、科研院所、医院进行了座谈和调研，了解了科研主体在科研诚信建设中的真实情况，以及取得的经验和面临的挑战。

一、科研主体科研诚信制度建设

科研诚信制度是各科研主体开展科研诚信工作的重要依据，完善的科研诚信制度是提升科研诚信建设水平的基础和必要保障。问卷调查结果显示，75.4%的科研主体制定了科研诚信相关制度，其中49.8%的制度是

《诚信建设意见》发布后制定或修订的。在已制定科研诚信制度的科研主体中，平均每家制定 1.71 项，50.3% 的科研主体制定了 1 项文件，21.0% 的科研主体制定了 2～4 项文件，4.1% 的科研主体制定了 5 项以上文件（图 2-1）。

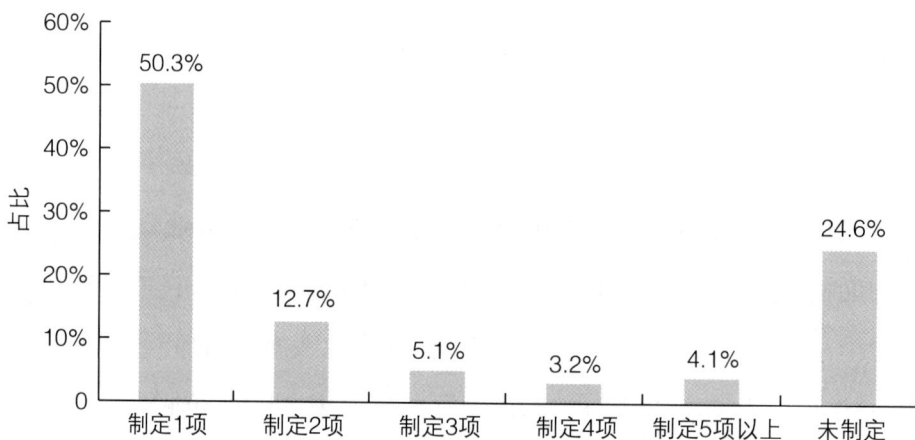

图 2-1　科研主体科研诚信制定文件数量分布

（资料来源：根据《科研主体科研诚信与作风学风建设状况调查问卷》调查结果统计）

从科研主体制定的文件内容上看，64.1% 的文件标题中包含了"科研诚信""学术道德""科研不端""学术不端"等关键词，如科研诚信建设的管理规定、学术道德规范、学术不端行为的预防与查处细则等。除此之外，还有以下 3 类文件：一是科技项目、科研经费、科技成果的管理办法，主要针对科研项目开展、经费使用和成果管理过程中可能存在的科研不端行为进行规定。二是该单位的章程条例，如学术委员会章程、科技人员管理条例、职称评聘办法、年度考核或绩效考核办法等。问卷调查结果显示，90.8% 的科研主体对员工遵守科研诚信要求及责任追究有明确规定，比较常见的类型为单位章程、员工行为规范、聘用合同，占比分别为 47.8%、45.7%、42.2%，也有一些科研主体在岗位说明书中有相关规定，占比 26.2%（图 2-2）。三是科技伦理规范、遗传资源管理办法等其他制度，其中会提及一些科研诚信相关内容。

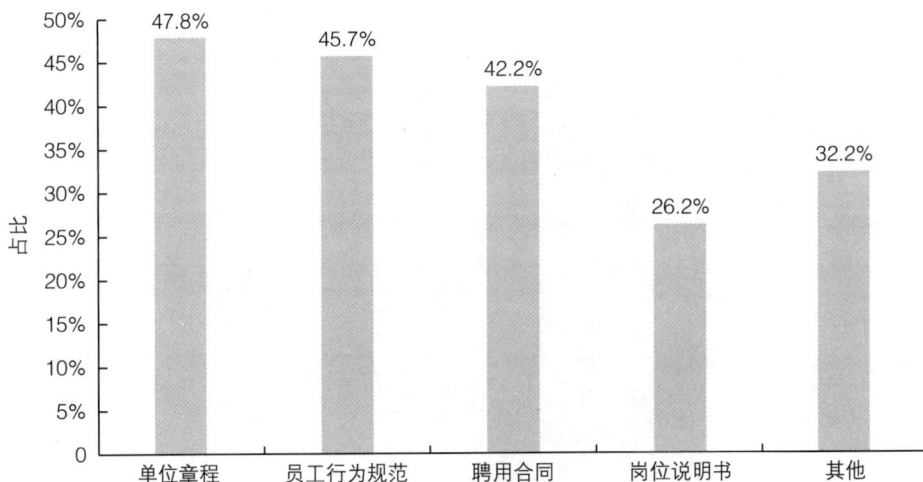

图 2-2　科研主体有关科研诚信规定统计

（资料来源：根据《科研主体科研诚信与作风学风建设状况调查问卷》
调查结果统计，此题为多选题）

二、科研主体科研诚信管理体系建设

（一）科研诚信管理工作分管情况

科研主体科研诚信建设水平与其重视程度、管理强度紧密相关。问卷调查结果显示，科研主体高度重视科研诚信工作，90.6% 的科研主体建立了由单位正职（高等学校校长、书记，科研院所院所长、书记，医院院长、书记）、单位副职（高等学校副校长、副书记，科研院所副院所长、副书记，医院副院长、副书记）分管科研诚信工作的机制。由正副职领导分管科研诚信工作体现出单位对该项工作的高度重视，这对本单位积极推进科研诚信建设具有重要作用。此外，7.8%的科研主体科研诚信工作由中层领导（包括科研处长、副处长等）分管，其他级别领导分管的占1.6%（图2-3）。

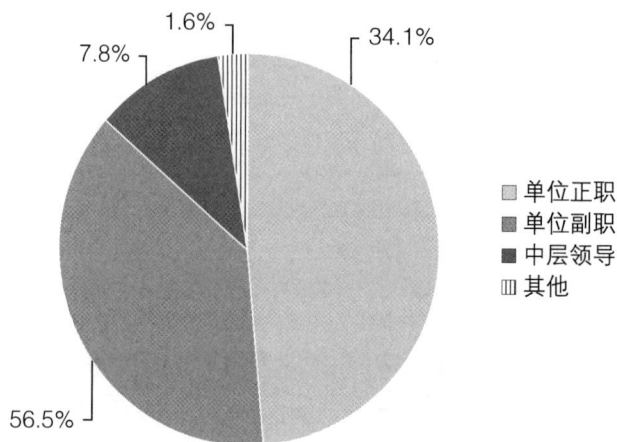

图 2-3　各单位科研诚信科研诚信管理工作分管情况统计

（资料来源：根据《科研主体科研诚信与作风学风建设状况调查问卷》调查结果统计）

（二）科研诚信管理机构和人员

问卷调查结果显示，64.9%的科研主体设立了科研诚信管理机构。其主要形式有两种：一种是委员会或小组，包括学术委员会、科研诚信或学风建设领导小组、医学伦理委员会等；另一种是行政机构，包括科研处、科技处、科教部等。承担科研诚信管理工作的部门在该机构科研诚信管理中起到了统筹协调的作用。

对上述科研主体的科研诚信管理机构主要职责进行统计发现，其最主要的 5 项职责为受理科研诚信案件投诉举报，并组织开展调查；制定和科研作风学风相关的制度；向本单位报告科研诚信相关工作；开展科研诚信研究与宣传教育工作；制定和科研作风学风相关的工作计划，每项的比例均超过 80%。定期对重要学术论文等科研成果进行核查的比例略低，为 74.6%（表 2-1）。

表 2-1 科研主体科研诚信管理机构主要职责

主要职责	比例
受理科研诚信案件投诉举报，并组织开展调查	94.2%
制定和科研作风学风相关的制度	93.3%
向本单位报告科研诚信相关工作	90.8%
开展科研诚信研究与宣传教育工作	84.6%
制定和科研作风学风相关的工作计划	80.4%
定期对重要学术论文等科研成果进行核查	74.6%
其他	5.8%

资料来源：根据《科研主体科研诚信与作风学风建设状况调查问卷》调查结果统计，此题为多选题。

目前，大多数科研主体的科研诚信工作由其他岗位人员兼职。根据科研主体座谈会和实地调研时代表们的反映，设置专职科研诚信管理岗位涉及增加编制问题，目前情况下很难实现，但是专职科研诚信管理岗位对提高科研主体科研诚信建设水平具有直接促进作用。

（三）科研诚信管理举措落实情况

总体来看，科研主体在关键节点的科研诚信审核制度较为完善，但是在成果核验、原始资料保存等方面都存在较大的提升空间。问卷调查结果显示，93.5%的科研主体已建立申请人在项目申请、评奖评优等过程中开展科研诚信的审核制度。审核部门包括两类：一类是科技处、人事处、教务处等相关职能部门；另一类是申请人所在的二级单位，如学院等。61.9%的科研主体建立了科研成果公布审查制度。54.3%的科研主体实现了对本单位科研人员的重要学术论文等科研成果进行全覆盖核查。47.6%的科研主体建立了论文原始数据管理制度。34.6%的科研主体建立了科研成果核验制度（表2-2）。

表2-2　科研主体科研诚信管理举措落实情况

科研诚信管理举措	已落实单位比例
申请人在项目申请、评奖评优等过程中开展科研诚信的审核制度	93.5%
科研人员公布突破性科技成果和重大科研进展应经所在单位同意，不得故意夸大技术价值和社会经济效益，不得隐瞒技术风险	61.9%
对本单位科研人员的重要学术论文等科研成果进行全覆盖核查	54.3%
论文发表1个月内，将论文涉及的实验记录、实验数据等原始数据资料交单位统一管理、留存、备查制度	47.6%
短期内发表多篇论文、取得多项专利成果等科研成果的核验制度	34.6%

资料来源：根据《科研主体科研诚信与作风学风建设状况调查问卷》调查结果统计。

实地调研和座谈会上科研主体代表认为，科研主体对重要科研成果全覆盖核查落实比例较低的原因主要包括单位现有人力物力资源难以支撑相关工作的开展，不同科研机构由于发展阶段的不同，对突破性科技成果和重大科研进展的认识存在差异，突破性科技成果和重大科研进展标准难以确定，全覆盖核查操作难度较大等。

（四）科研诚信信息网络公开情况

利用信息化手段开展科研诚信知识的传播普及和科研诚信管理，将有力提升科研主体的科研诚信建设水平。问卷调查结果显示，仅 15.1% 的科研主体利用官方网站或公众号公开科研诚信相关信息。目前，我国科研主体的科研诚信信息公开方式主要有两类：一类是将科研诚信建设嵌在学术委员会、科技发展研究院等网站下；另一类是建立专门的科研诚信相关网站。科研诚信网站和公众号的内容全面性、范围大小不同，有的网站主要发布国家、主管部门及高校有关科研诚信的政策文件和管理制度，有的网站内容较为丰富，还包括科研诚信相关新闻动态、不端行为查处机制、本校科研诚信事件处理结果通报及主管部门科研诚信事件调查处理结果的转载、举报联系方式、学风建设年度报告，为科技工作者了解科研诚信知识与信息提供了较为全面的渠道。

三、科研主体科研诚信案件受理、调查与处理

（一）科研诚信案件受理

问卷调查结果显示，20.5% 的科研主体在 2019—2020 年收到或主动发现了科研诚信案件线索，发现线索的单位中，平均每家单位受理案件的数量 2019 年为 2.3 起，2020 年为 3.0 起。线索获取方式统计结果显示（图 2-4），科研主体获取科研诚信案件线索最主要的方式是政府管

理部门通知，比例高达48.3%。教研人员举报、管理机构主动发现、期刊编辑部通知也是科研诚信案件线索的主要来源，其中管理机构主动发现比例仅为10.3%，科研主体在案件的积极预防、主动发现方面亟待加强。

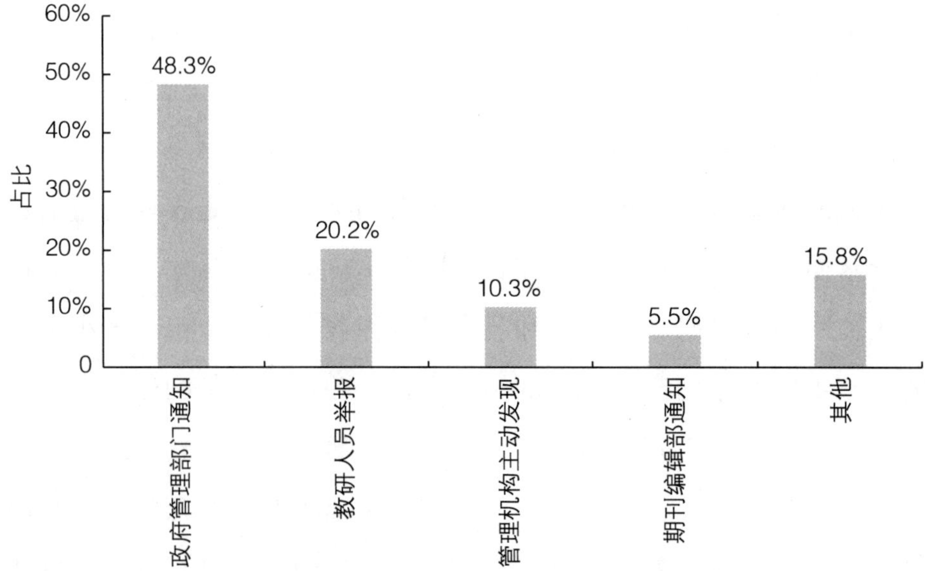

图2-4 涉嫌科研不端行为的线索获取方式统计

（资料来源：根据《科研主体科研诚信与作风学风建设状况调查问卷》调查结果统计）

对科研诚信案件举报人的保护是保障举报人权益的重要举措，当前广大科研主体采取的措施有两类：一类是对举报人信息进行保密，严格控制知悉范围，接触举报材料和参与调查处理的人员，不得将举报材料转给被举报人或被举报单位等利益相关方；另一类是对打击报复的行为予以处罚，如果有学术不端行为且对举报人进行打击报复的，应当认定为情节严重。

（二）科研诚信案件调查

问卷调查结果显示，2019 年科研主体调查科研诚信案件数量为 0.32 起 / 家（含 2019 年之前受理但未查处结束的案件），调查后确认为科研诚信案件数量为 0.15 起 / 家，查实为科研诚信案件数量占被调查案件总数的比例为 46.9%。2020 年，科研主体调查科研诚信案件数量为 0.58 起 / 家（含 2020 年之前受理但未查处结束的案件），调查后确认为科研诚信案件数量为 0.31 起 / 家，查实为科研诚信案件数量占被调查案件总数的比例为 54.5%。在上述对科研诚信案件进行调查的科研主体中，平均每所高等学校查实科研诚信案件数量为 2.72 起，平均每家科研院所查实科研诚信案件数量为 0.62 起，平均每家医院查实科研诚信案件数量为 1.92 起。科研院所的科研诚信案件发生率明显低于高等学校和医院。问卷调查结果显示，最终被认定为科研诚信案件数量约占调查案件总数的五成。科研主体总体上都能及时对科研诚信案件进行调查，对于一般科研诚信案件 6 个月内都可以完成调查。

教研人员是违背科研诚信要求的高发群体。2019 年，科研主体涉及科研诚信案件的人员总数为 73 人，其中教研人员占 76.7%，学生占 21.9%，行政人员占 1.4%。2020 年，科研主体涉及科研诚信案件的人员总数为 292 人，其中教研人员占 84.2%，学生占 15.4%，行政人员占 0.3%。

从科研不端行为类型来看，2019 年高发行为的前 3 类是"剽窃""购买、代写、代投论文或申请书""一稿多投"，占比分别为 39.6%、10.4%、10.4%；2020 年高发行为的前 3 类为"捏造""购买、代写、代投论文或申请书""不当署名"，占比分别为 21.5%、21.5%、16.3%，

与 2019 年相比这 3 类不端行为占比均有上升，"剽窃"降至 10.4%
（图 2–5）。

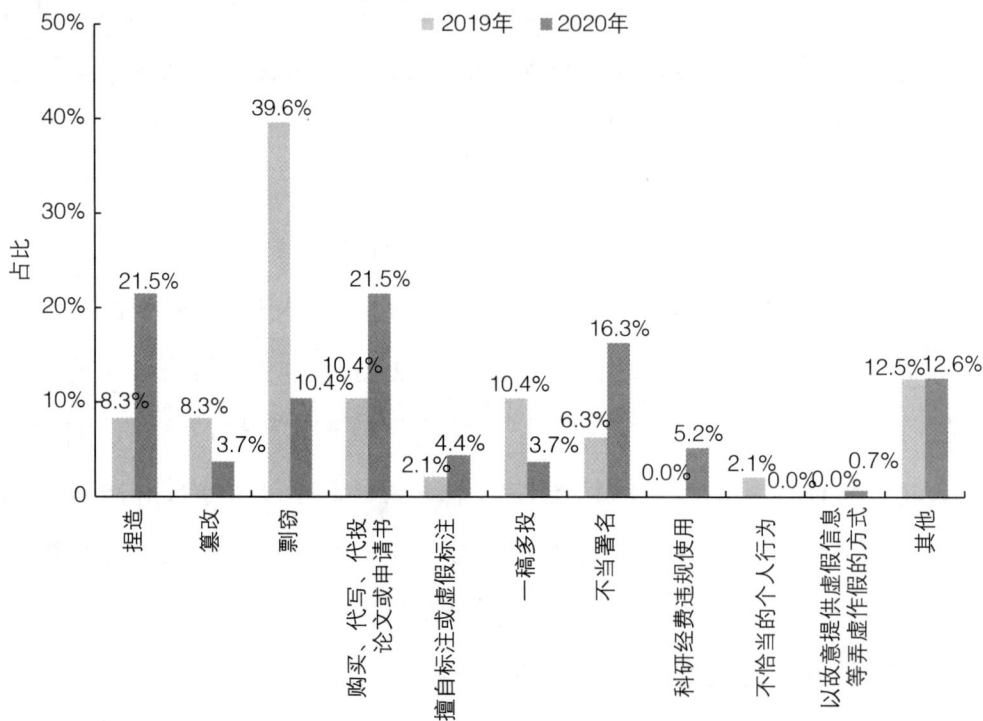

图 2-5　2019—2020 年科研主体发生科研不端行为类别统计

（资料来源：根据《科研主体科研诚信与作风学风建设状况调查问卷》调查结果统计）

问卷调查结果显示，60.0% 的科研主体认为缺少科研诚信意识是导致科研不端行为发生的最主要原因，其次是职称晋升压力和为了申请项目，占比分别为 57.8% 和 37.0%。其中前两项原因的比例明显高于其他原因（图 2–6）。从 3 类科研主体来看，高等学校和科研院所均认为缺少科研诚信意识是最主要的原因，而医院选择的最主要原因是职称晋升压力。

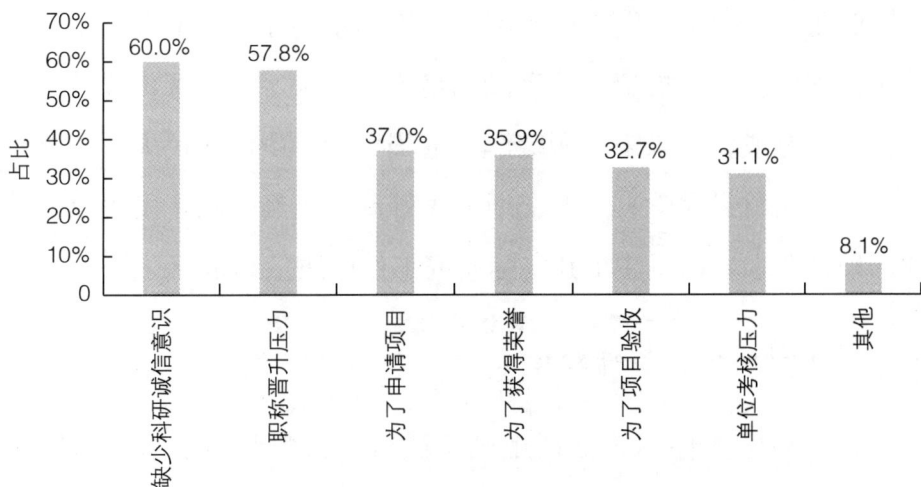

图2-6 教研人员、医生发生科研不端行为原因统计

（资料来源：根据《科研主体科研诚信与作风学风建设状况调查问卷》调查结果统计，此题为多选题）

对高等学校和科研院所学生发生科研不端行为的原因进行分析，学生发生科研不端行为原因的前3位依次为：毕业压力，占比63.5%；缺少科研诚信知识，占比58.2%；为了评奖评优，占比34.8%（图2-7）。

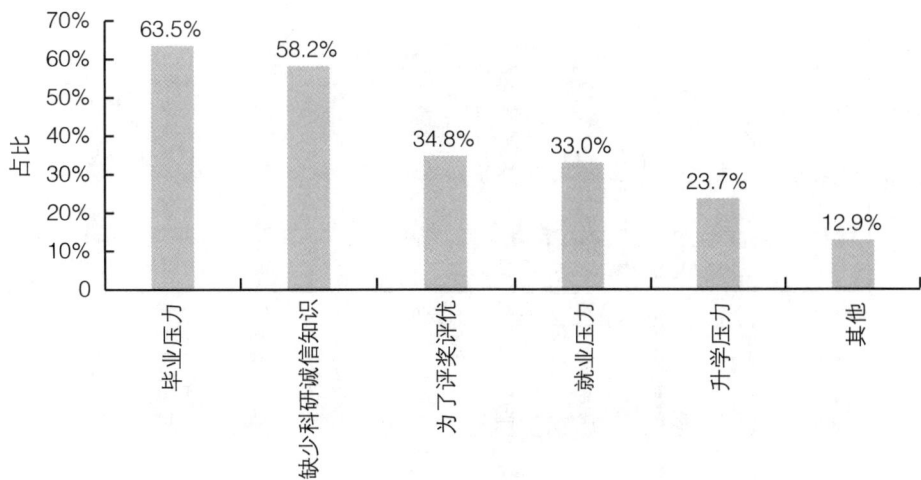

图2-7 学生发生科研不端行为原因统计

（资料来源：根据《科研主体科研诚信与作风学风建设状况调查问卷》调查结果统计，此题为多选题）

毕业压力成为学生发生科研不端行为的主要原因，部分学生通过采取购买论文、代写代投论文等手段满足毕业要求。随着评价改革的不断深化，此问题或将在未来有所缓解。清华大学、中国人民大学、北京师范大学、中央财经大学、上海交通大学等高校已经取消了发表论文才能毕业的硬性要求，而更注重其实际研究工作的质量和贡献。

（三）科研诚信案件处理

《科研诚信案件调查处理规则（试行）》中明确了对科研不端行为处理的 10 种措施。目前科研主体在处理科研诚信案件过程中，视案件具体情况采取一种或多种处理方式。问卷调查结果显示，当前科研主体最普遍的处理方式是科研诚信诫勉谈话（占比 85.1%）、取消评奖评优资格（占比 81.6%），暂停或终止国家科研项目申报资格（占比 81.4%）和取消职称评定资格（占比 78.9%）（图 2-8）。

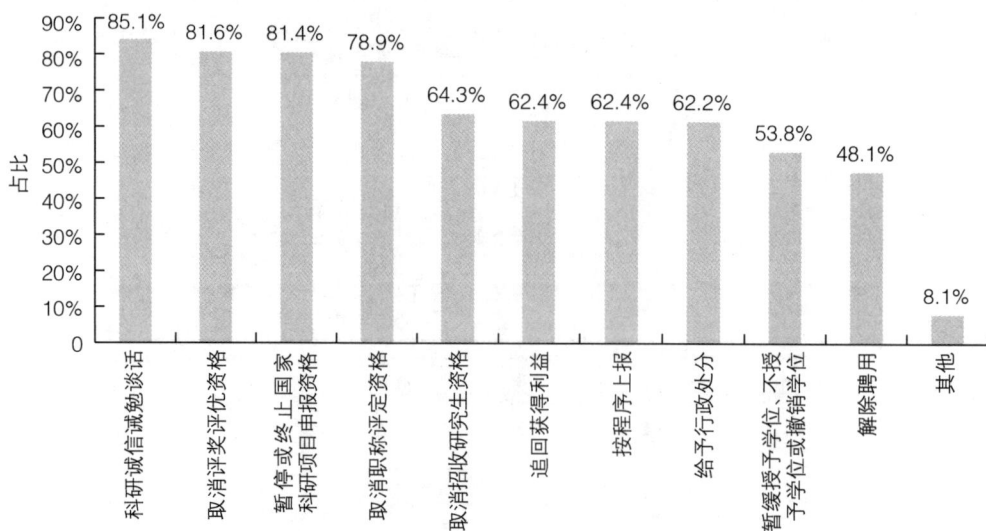

图 2-8　科研主体对科研不端行为处理方式统计

（资料来源：根据《科研主体科研诚信与作风学风建设状况调查问卷》调查结果统计，此题为多选题）

79.5% 的科研主体选择公开处理结果，公开方式视具体案件的性质、情节严重程度及产生的影响而定。公开的范围通常包括单位内部公开、一定范围内部公开、报上级主管部门等。

四、科研主体科研诚信教育培训

开设科研诚信课程是科研诚信教育的有效手段，通过系统的课程学习，科研人员和学生能够对科研诚信有更加全面的认识，对提升科研主体的科研诚信水平有很大帮助。但是目前开设科研诚信课程的科研主体较少。问卷调查结果显示，2020 年，仅 18.9% 的科研主体开设了科研诚信相关课程[①]。科研诚信课程的授课对象主要为从事科研活动的学生和职工。在开设的科研诚信课程中，11 ~ 20 课时的课程最多，比例达52.1%；其次为 31 ~ 40 课时的课程，比例为 27.1%（图 2-9）。

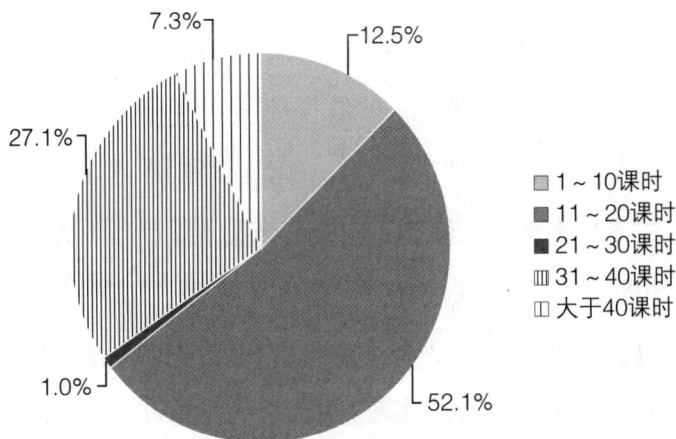

图 2-9　科研主体科研诚信课程课时分布

（资料来源：根据《科研主体科研诚信与作风学风建设状况调查问卷》调查结果统计）

---

① 该项调查仅统计了高等学校和科研院所，因学生培养并非广大医院的主责，此处不包括医院。

开设的科研诚信课程包括以下 3 种类别:一是方法论课程,如科学素养概论、科研方法论、自然辩证法等。二是专门针对科研诚信、科技伦理的课程,如科学道德、学术规范、学术道德、科研诚信等。中科院的光电研究院、遥感与数字地球研究所、电子学研究所开设了 8 个课时的科研诚信与行为规范课程。三是论文写作类课程,如中国农业科学院棉花研究所、中科院工程热物理研究所面向博士生、硕士生开设 32 学时的学术道德与写作规范等课程。

问卷调查结果显示,2020 年开展科研诚信知识相关培训的科研主体达 66.8%。培训活动形式多样,如科研诚信政策文件的宣讲、典型案例的警示教育、科研诚信相关知识的学习等。

五、科研主体国际论文撤稿情况

近年来,全球因科研不端撤稿论文数量逐年增加,引起全球科技界广泛关注。因科研不端行为撤稿对科研主体的形象有严重负面影响。基于撤稿观察(Retraction Watch)数据库统计(分析方法与相关数据见附录 4),截至 2021 年 11 月,2016—2020 年我国高等学校、科研院所、医院等主体因科研不端而造成的国际论文撤稿数量分别为 213 篇、274 篇、288 篇、308 篇和 153 篇,前 4 年呈递增趋势,2020 年数量大幅下降。其原因可能有两个方面:一是该年度论文的发表时间尚短;二是近年国家在科研诚信管理方面出台的多项举措得到了落实,导致科研人员的科研不端行为有所减少。

由表 2-3 可以看出,论文工厂、论文抄袭、重复发表论文和虚假同行评议是我国国际论文撤稿涉及的重要科研不端类型。

表2-3　撤稿论文的主要科研不端表现（2016—2020年）

单位：篇

科研不端表现	中国	美国	英国	日本	德国	印度	韩国
论文工厂	361	0	0	0	1	0	0
论文抄袭	207	63	12	2	9	71	13
重复发表论文	162	59	11	13	13	50	10
虚假同行评议	125	26	2	1	0	4	0
图像操纵	94	6	2	1	2	3	0
抄袭	88	5	3	0	0	33	4
图像抄袭	60	0	0	1	0	0	0
论文编辑器	18	0	0	0	0	0	0
文本抄袭	16	0	0	0	0	0	3
缺少机构审查委员会审批	0	22	5	7	4	0	10
伪造/篡改数据	0	20	0	16	3	0	0
机构投诉	0	0	2	0	1	0	0
操纵结果	0	0	1	1	0	0	0
数据抄袭	0	0	1	0	1	0	0
错误/伪造署名	0	0	0	0	2	0	0

注：同一论文涉及多种科研不端表现时，会分别计数。

资料来源：根据撤稿观察数据库数据整理。

在撤稿论文的学科分布上，我国在基础生命科学（BLS）、健康科学（HSC）和物理学（PHY）3个学科的科研不端撤稿论文数量较多，且都呈现逐年递增趋势（表2-4）。其中基础生命科学和健康科学领域因科研不端撤稿总数分别达到835篇和382篇，基础生命科学领域的科研诚信建设亟待加强。

表2-4　科研不端撤稿论文的学科分布（2016—2020年）

单位：篇

学科名称	中国	美国	印度	日本	韩国	英国	德国
基础生命科学（BLS）	835	112	74	27	23	14	18
健康科学（HSC）	382	116	76	29	26	22	19
物理学（PHY）	245	95	98	14	21	13	19
商业与技术（B/T）	135	52	40	4	9	7	2
社会科学（SOC）	32	38	15	3	1	9	5
环境科学（ENV）	27	5	16	4	4	3	0
人文科学（HUM）	3	5	3	1	0	1	4

注：同一篇论文标记为多个学科时，会分别计数。

资料来源：根据撤稿观察数据库数据整理。

六、小结

综上所述，我国科研主体在科研诚信制度建设，科研诚信管理体系建设，科研诚信案件受理、调查与处理，科研诚信教育培训等方面已取得了明显进展，同时也存在一些不足。

一是制度建设进展显著。超3/4的科研主体已制定本单位的科研诚信制度，新制定的制度文件数量较《诚信建设意见》出台之前，增长了近一倍，科研诚信逐渐嵌入科技项目管理、单位章程、人员管理等多个方面。另外，仍有近1/4的科研主体尚未制定本单位的相关制度，尚未实现科研诚信制度全覆盖。

二是大部分科研主体建立了较完善的科研诚信管理体系，但部分举措仍未得到充分落实。全国超九成的科研主体建立了本单位科研诚信管理工作机制，九成左右的科研主体积极开展科研诚信审核。但仍有近四成科研主体尚未设立科研诚信管理机构，超 1/2 机构的科研诚信工作由其他岗位人员兼职，科研主体的科研诚信管理力量亟待加强。落实成果核验、重要科研成果全覆盖核查、原始资料保存等政策要求的科研机构比例仍较低。仅有 15.1% 的科研主体利用官方网站或公众号公开科研诚信相关信息，大多数科研人员无法通过网络便捷获取科研诚信相关资源。

三是科研诚信案件得到及时受理、调查和处理，科研主体主动预防、主动发现能力有待加强。在科研不端行为类型方面，需防范 2020 年上升比例较大的"捏造""购买、代写、代投论文或申请书""不当署名"3 类科研不端行为。"缺少科研诚信意识""职称晋升压力"成为科研人员发生科研不端行为的主要原因，"毕业压力"成为学生发生科研不端行为的主要原因。

四是科研诚信培训不断推进，科研诚信教育明显不足。超 2/3 的科研主体已开展类型丰富的科研诚信培训，覆盖科研人员、学生、管理人员等不同群体。开展科研诚信教育是系统传播科研诚信知识、提高科研群体科研诚信意识最有效的方式，然而仅有不到 1/5 的科研主体开设了科研诚信课程。科研诚信教育培训工作仍然任重道远。

五是因科研不端撤稿论文数量出现下降。"论文工厂""论文抄袭""重复发表论文""虚假同行评议"成为我国国际论文撤稿的主要原因，政府部门需要加强对"论文工厂"等的打击力度，高校、医院等科研主体需进一步强化对发表论文的审核，尤其要重视基础生命科学、健康科学和物理学的科研诚信建设。

第三章

科技团体科研诚信建设状况

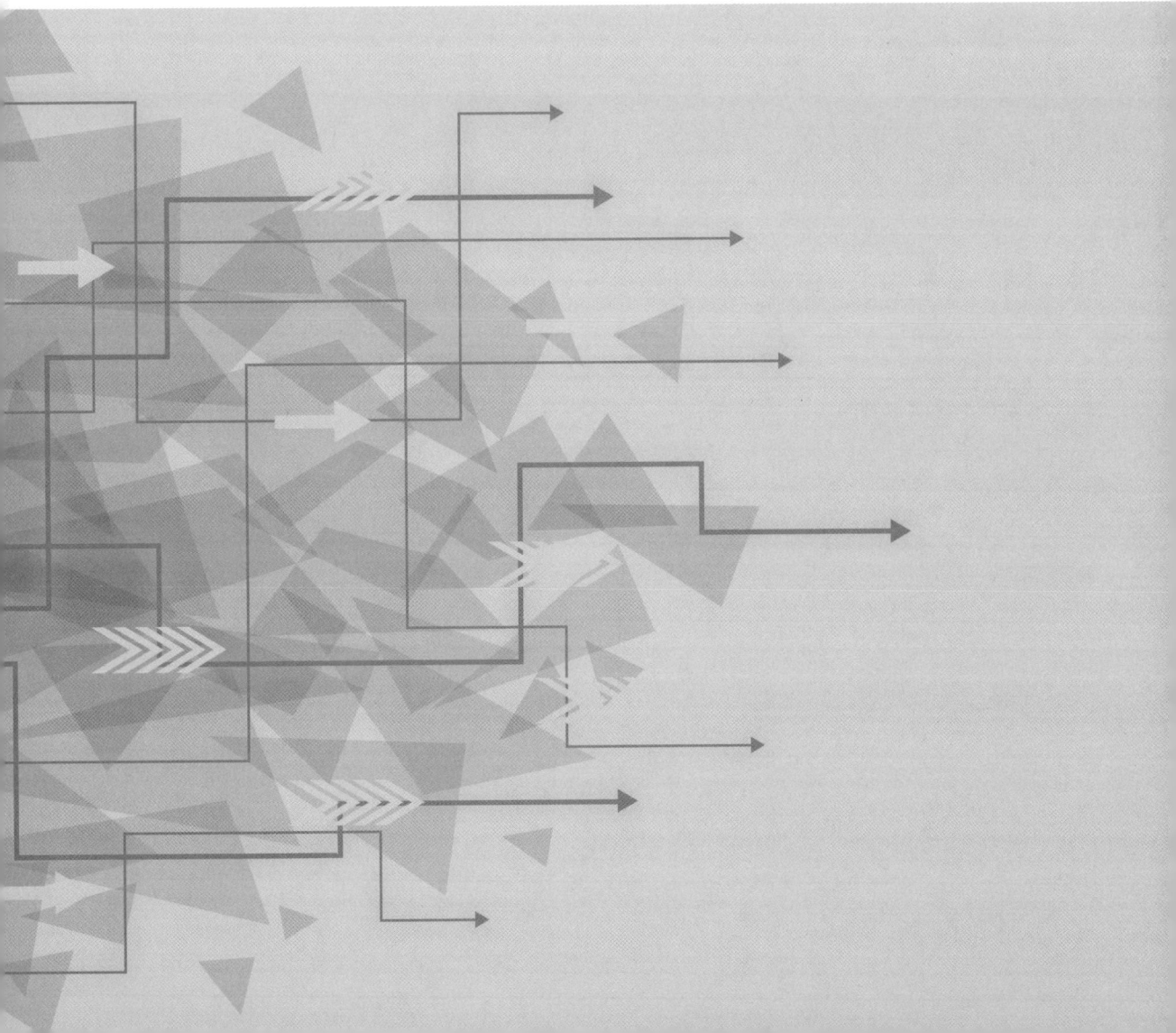

科技社团是科技人员自主建立、自愿参与、有共同目标和行为规范的专业社会组织。科技社团具有专业优势、人才优势、网络优势、地位相对超脱等特点，具有服务科技人员、促进学术交流、助力公共决策、传播普及科学技术、融通科技与经济等诸多重要功能。

《诚信建设意见》明确指出："学会、协会、研究会等社会团体要发挥自律自净功能。学会、协会、研究会等社会团体要主动发挥作用，在各自领域积极开展科研活动行为规范制定、诚信教育引导、诚信案件调查认定、科研诚信理论研究等工作，实现自我规范、自我管理、自我净化。"《作风学风意见》的发布，对科技社团提出了新的要求。各级学会认真贯彻文件精神，结合学科领域实际情况，在倡导学术道德规范、反对学术不端行为、强化作风学风建设方面取得了显著成效。

本次调查面向中国科协所属的 210 家全国学会开展科研诚信建设状况问卷调查，36 家学会提交了有效问卷（概况见附录 3）。36 家学会样本中，会员最少的有 1500 人左右，最多的达 12 万人，涉及的学科领域包括理科、工科、农科、医科、交叉学科。整体来看，50.0% 的学会认为学会在强化本学科领域科研诚信建设方面发挥了比较有效的作用，19.4% 的学会认为发挥了非常有效的作用，仅有 2.8% 的学会认为学会对强化本学科领域科研诚信建设不太有效。本章介绍学会制定科研诚信规范、标准，加强科研诚信教育宣传，组织、参与科研诚信案件调查与处理等方面的情况。

一、科研诚信规范、标准制定

与高等学校和科研机构相比，科技社团在某些专业上的学术资源更为齐全，因此在制定本学科、本领域科技工作者科研诚信规范或标准，明确本学科、本领域的理念和核心价值及科技工作者的行为操守等方面具有较强优势。

问卷调查结果显示，64%的学会结合学科领域实际情况，发出过相关倡议、宣言或行动计划。例如，中国宇航学会发布《恪守科研诚信准则，推动良好学风建设——致中国航天青年科技工作者倡议书》、中华口腔医学会发布《中华口腔医学会科学道德与学风建设管理办法》《中华口腔医学会口腔医务工作者科研诚信守则》。学会发布的关于加强作风学风建设倡议、宣言或行动计划，涵盖的内容较为明确，其中90%以上的学会提出了践行和弘扬新时代科学家精神、坚守科研诚信底线、遵循科研伦理规范、积极开展科学传播等方面的内容；60%以上的学会提出了崇尚学术民主、反对浮躁浮夸、履行社会责任、强化科技共同体自律自净。

为加强学会会员学术研究自律，促进会员自我约束、自我完善，维护学术秩序、学术道德，严明学术纪律，规范学术行为，有42%的学会制定了符合本学科或领域发展要求的学术自律相关制度。在制定学术自律制度的学会中，80%以上的学会在学术自律制度中强调严守科研伦理规范的责任、坚守学术道德底线的责任、在科技评价及人才举荐方面保持科学公正的责任；60%以上的学会提出加强学术期刊管理、对会员的学术自律教育及对会员诚信管理的责任，还有对学会学术自律执行情况监督管理的规定、对学会建立学术不端查处程序的规定等内容。

二、科研诚信教育宣传

科技社团促进作风学风建设的另一个重要活动是开展科研诚信相关教育。我国学会在如何有效地组织受教育者，如何使受教育者乐于接受教育等方面做了很多探索。例如，在学术会议中增设科研诚信等相关研讨会、邀请高水平的权威专家在学术年会中进行作风学风专题讲座，学术活动成为科技共同体开展科研诚信教育的理想方式。

问卷调查结果显示，约22%的学会建立了学术自律的专门委员会，但仍有70%以上的学会并未建立。已设立的学术自律专门委员会职能均较为全面，问卷数据显示，80%以上的委员会职能涵盖了制定学会的学术自律制度、制定学会的科研不端行为处理办法、监督管理学会的学术自律执行情况、受理对会员科研不端行为的投诉等方面。此外，被调查的学会中，约36%的学会建立了科研诚信建设的教育与宣传制度，仍有超过60%的学会尚未建立。问卷调查结果表明，相较于设立专门的委员会及制定制度，国内学会更加偏好于开展宣传培训活动以加强科研诚信建设教育与宣传工作，如超过60%的学会举办过讲座或宣讲活动，并向会员推送宣传文章；约31%的学会在官网发布了宣传视频；19%的学会发放了教材读物；8%的学会开设了培训课程。

三、组织、参与科研诚信案件调查与处理

在科学道德和科研诚信建设中，由于学会没有人事管辖权力，对会员和科技工作者没有硬约束力，因此除非接受相关部门的委托，学会一般不直接介入对科研人员具体科研诚信案件的调查处理。问卷调查结果

显示，不足 50% 的学会建立了对所属会员科研不端行为的调查处理机制，其中 36% 的学会落实效果好，约 42% 的学会没有建立相关机制；约 8% 的学会表示"不清楚"。关于经调查确认构成科研不端行为的，超过 70% 的学会自律制度中明确了违法违规行为曝光方式及力度、对责任人的惩戒措施，以及对包庇、纵容行为的惩戒措施。

2019 年，3 家学会接受科研不端举报或主动发现科研不端线索 11 起，最终全部得到了调查，确认为科研不端行为的为 8 起。2020 年，4 家学会接受科研不端举报或主动发现科研不端线索 13 起，最终全部得到了调查，确认为科研不端行为的为 8 起。

四、小结

问卷调查结果显示，科技社团在推动我国科研诚信建设方面发挥了一定作用，但在制定科研诚信规范、标准，科研诚信教育宣传，组织、参与科研诚信案件调查与处理等方面仍然存在一些不足，需要按照《诚信建设意见》《作风学风意见》要求，进一步发挥科技共同体的自律自净功能。

第四章

科技期刊科研诚信建设状况

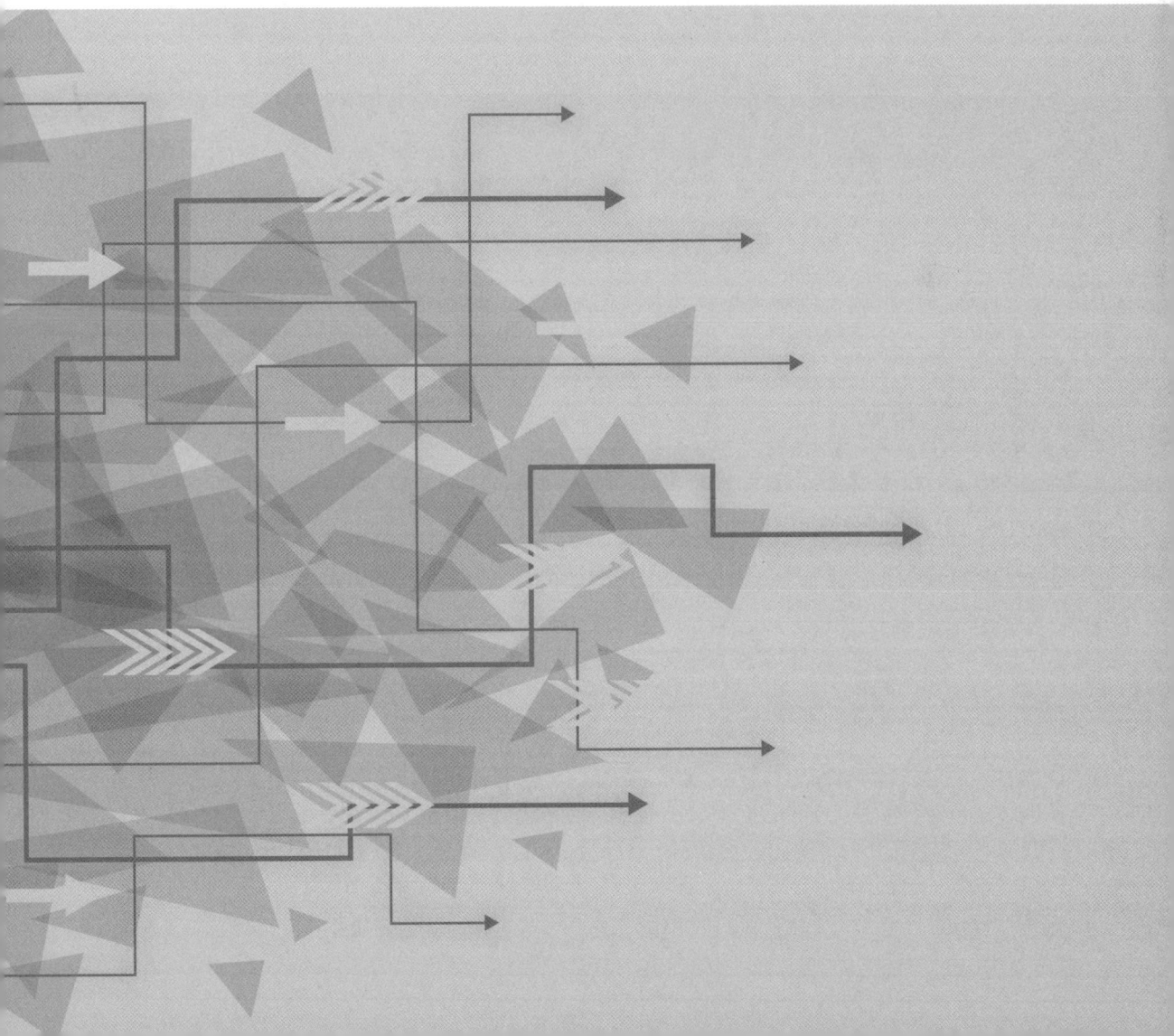

　　科技期刊是科技创新成果的主要载体，科技期刊对科研诚信的管理贯穿学术出版的全流程，是维护科研诚信的重要守门人。《诚信建设意见》《作风学风意见》明确指出"学术期刊出版等单位完善内控制度，加强科研诚信建设""学术期刊应充分发挥在科研诚信建设中的作用，切实提高审稿质量加强对学术论文的审核把关"。2019年发布的《科研诚信案件调查处理规则（试行）》中指出"发表论文的期刊编辑部或出版社有义务配合开展调查，应当主动对论文内容是否违背科研诚信要求开展调查，并应及时将相关线索和调查结论、处理决定等告知作者所在单位"。国家新闻出版署于2019年5月发布了行业标准《学术出版规范　期刊学术不端行为界定》（CY/T 174—2019），明确了学术期刊论文作者、审稿专家、编辑者在学术期刊论文出版过程中可能涉及的各类学术不端行为的判断标准。本章介绍我国科技期刊科研诚信建设的有关情况。

　　本章数据主要来源于对中国科协主管的512家科技期刊的问卷调查（概况见附录3），同时通过"中国科技期刊卓越行动计划"及中国高校科技期刊研究会向教育部、中国科学院及中国工程院等主管的科技期刊发放电子问卷。科技期刊问卷调查最终回收有效问卷223份。

一、科研诚信建设措施落实及整体评价

（一）科技期刊落实科研诚信建设的整体情况

　　问卷调查内容涉及8个维度：投稿作者科研诚信规范、审稿专家科研诚信规范、编辑人员科研诚信规范、稿件三审三校制度、退稿拒稿原则、

疑似科研不端行为处理规则、撤稿原则、失信作者黑名单。问卷调查结果显示，期刊落实科研诚信建设成效明显。

大部分期刊建立了相应的规范体系，总体上得到较好落实。97.30%的期刊制定了投稿作者科研诚信规范，92.82%的期刊制定了审稿专家科研诚信规范，95.07%的期刊制定了编辑人员科研诚信规范，98.21%的期刊建立了稿件三审三校制度，98.21%的期刊制定了退稿拒稿原则，94.63%的期刊建立了疑似科研不端行为处理规则，94.18%的期刊制定了撤稿原则，84.75%的期刊建立了失信作者黑名单（表4-1）。

表 4-1 科技期刊落实作风学风建设情况

制度规范类别	已建立且落实效果好	已建立落实效果一般	已建立但尚未落实	没建立	不清楚
投稿作者科研诚信规范	84.30%	10.76%	2.24%	2.24%	0.45%
审稿专家科研诚信规范	80.72%	10.31%	1.79%	5.38%	1.79%
编辑人员科研诚信规范	90.13%	3.59%	1.35%	4.48%	0.45%
稿件三审三校制度	94.62%	2.69%	0.90%	1.79%	0
退稿拒稿原则	91.48%	5.38%	1.35%	1.35%	0.45%
疑似科研不端行为处理规则	83.86%	9.87%	0.90%	4.93%	0.45%
撤稿原则	82.96%	9.87%	1.35%	5.38%	0.45%
失信作者黑名单	67.26%	13.90%	3.59%	13.90%	1.35%

资料来源：根据《科技期刊科研诚信与作风学风建设状况调查问卷》调查结果统计。

（二）科技期刊对科研诚信建设成效的总体评价

问卷调查结果显示，近几年来，在编辑人员科研诚信意识、投稿作者科研诚信意识、审稿专家科研诚信意识方面，科技期刊的总体评价较好。95.51% 的期刊认同近几年编辑人员科研诚信意识有明显提升，87.90% 的期刊认同近几年投稿作者科研诚信意识有明显提升，90.13% 的期刊认同近几年审稿专家科研诚信意识有明显提升（图4-1）。

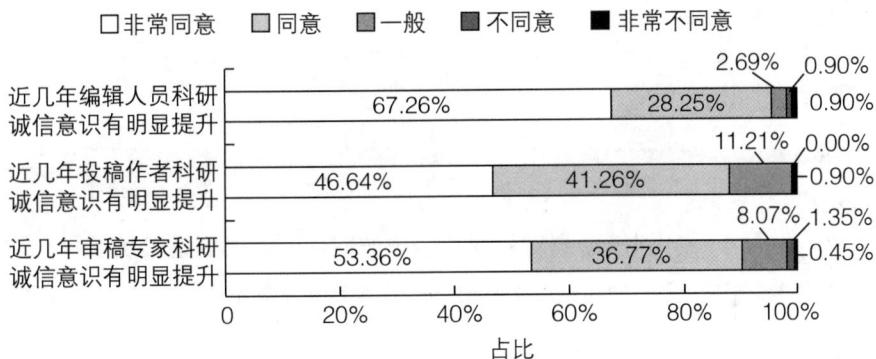

图 4-1　科技期刊对作风学风建设成效的总体评价情况

（资料来源：根据《科技期刊科研诚信与作风学风建设状况调查问卷》调查结果统计）

二、科研诚信案件受理、调查与处理

《科研诚信案件调查处理规则（试行）》将发表论文的期刊编辑部或出版机构列为科研诚信案例举报途径之一。本部分主要介绍期刊科研诚信案件的处理情况。

（一）科技期刊对科研诚信案件的受理情况

问卷调查结果显示，73.5% 的期刊有专人负责受理科研诚信案件的举报并组织开展调查，25.6% 的期刊没有专人负责（图 4-2）。

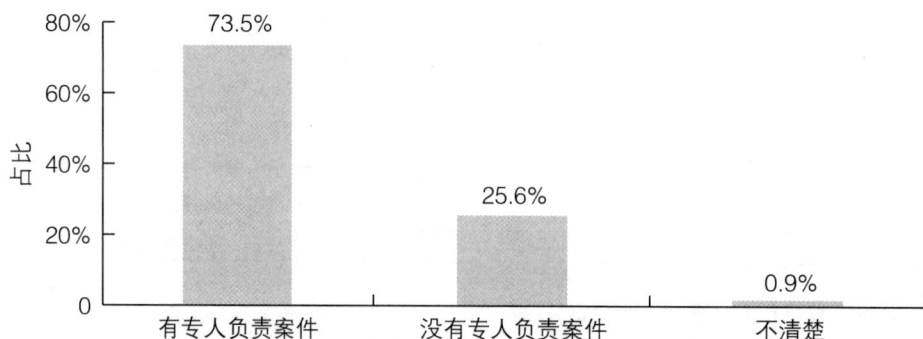

图 4-2　科技期刊对受理科研诚信案件的人员配置情况

（资料来源：根据《科技期刊科研诚信与作风学风建设状况调查问卷》调查结果统计）

（二）期刊近 3 年接受与受理科研不端情况统计

提交问卷的 223 个期刊中，2019 年期刊接受科研不端举报或主动发现科研不端线索 236 起，最终 203 起得到了调查，确认为科研不端行为的 167 起；2020 年接受科研不端举报或主动发现科研不端线索 255 起，最终 188 起得到了调查，确认为科研不端行为的 154 起；2021 年接受科研不端举报或主动发现科研不端线索 190 起，最终 160 起得到了调查，确认为科研不端行为的 124 起。3 项指标连续 3 年呈现下降的趋势（图 4-3）。

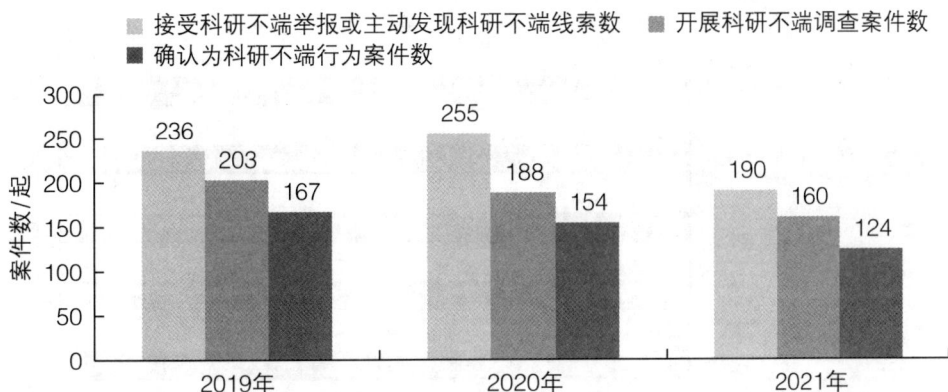

图 4-3　科技期刊接受和受理科研诚信案件的统计情况

（资料来源：根据《科技期刊科研诚信与作风学风建设状况调查问卷》调查结果统计）

（三）科研不端行为发生情况

问卷调查结果显示，抄袭剽窃、捏造或篡改科研数据或结果、伪造专家鉴定、提供虚假同行评议、不当署名、一稿多投、找他人代写论文等科研不端行为，并不是普遍存在的现象。在抄袭、捏造或篡改3类严重科研不端出现情况方面，近九成期刊认为"不太普遍"或"几乎没有"，不到3%的期刊认为抄袭剽窃"非常普遍"或"比较普遍"。在伪造专家鉴定、提供虚假同行评议方面，超过95%的期刊认为"不太普遍"或"几乎没有"，仅有0.5%的期刊认为"非常普遍"或"比较普遍"。在不当署名、一稿多投、违背科技伦理3个方面，超过80%的期刊认为"不太普遍"或"几乎没有"，认为"非常普遍"或"比较普遍"的比例均很低，3个方面分别为2.3%、3.6%和0.9%。在找他人代写论文方面，74.9%的期刊认为"不太普遍"或"几乎没有"，同时也有7.6%的期刊认为"比较普遍"或"一般"（图4-4）。

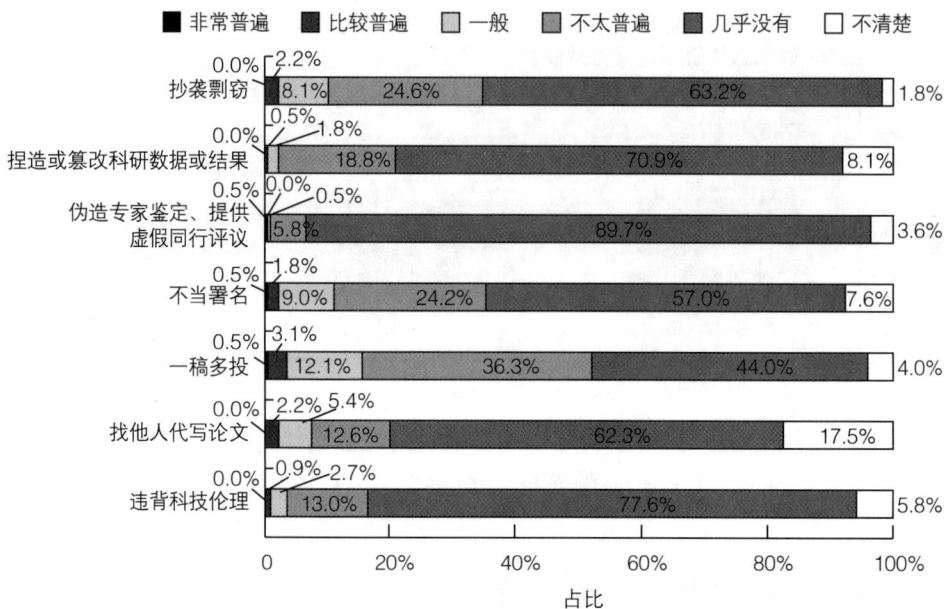

图4-4　科研不端行为的情况分布

（资料来源：根据《科技期刊科研诚信与作风学风建设状况调查问卷》调查结果统计）

三、小结

科技期刊是科技创新成果的主要载体。科技期刊对科研诚信的管理贯穿学术出版的全流程，是维护科研诚信的重要守门人。问卷调查结果显示，期刊落实科研诚信建设成效明显，在调查涉及的投稿作者科研诚信规范、审稿专家科研诚信规范、编辑人员科研诚信规范、稿件三审三校制度、退稿拒稿原则、疑似科研不端行为处理规则、撤稿原则、失信作者黑名单8个维度上，大部分期刊都建立了相应的规范体系，并有较好的落实效果。近几年来，在编辑人员科研诚信意识、投稿作者科研诚信意识、审稿专家科研诚信意识、弘扬科学家精神以促进作风学风建设、未来科学界作风学风建设期望 5 个方面，科技期刊的总体评价较好。大部分期刊均有专人负责受理科研诚信举报，并组织开展调查，连续 3 年科技期刊在接受举报的数量、调查处理的数量及最终确认为不端行为的数量 3 个方面都呈现连续下降的态势。同时，调查结果也显示，科技期刊主动作为，加强科研诚信建设，积极开展"涵养优良学风、弘扬科学家精神"等宣传活动。

第五章

科研诚信国际交流与合作

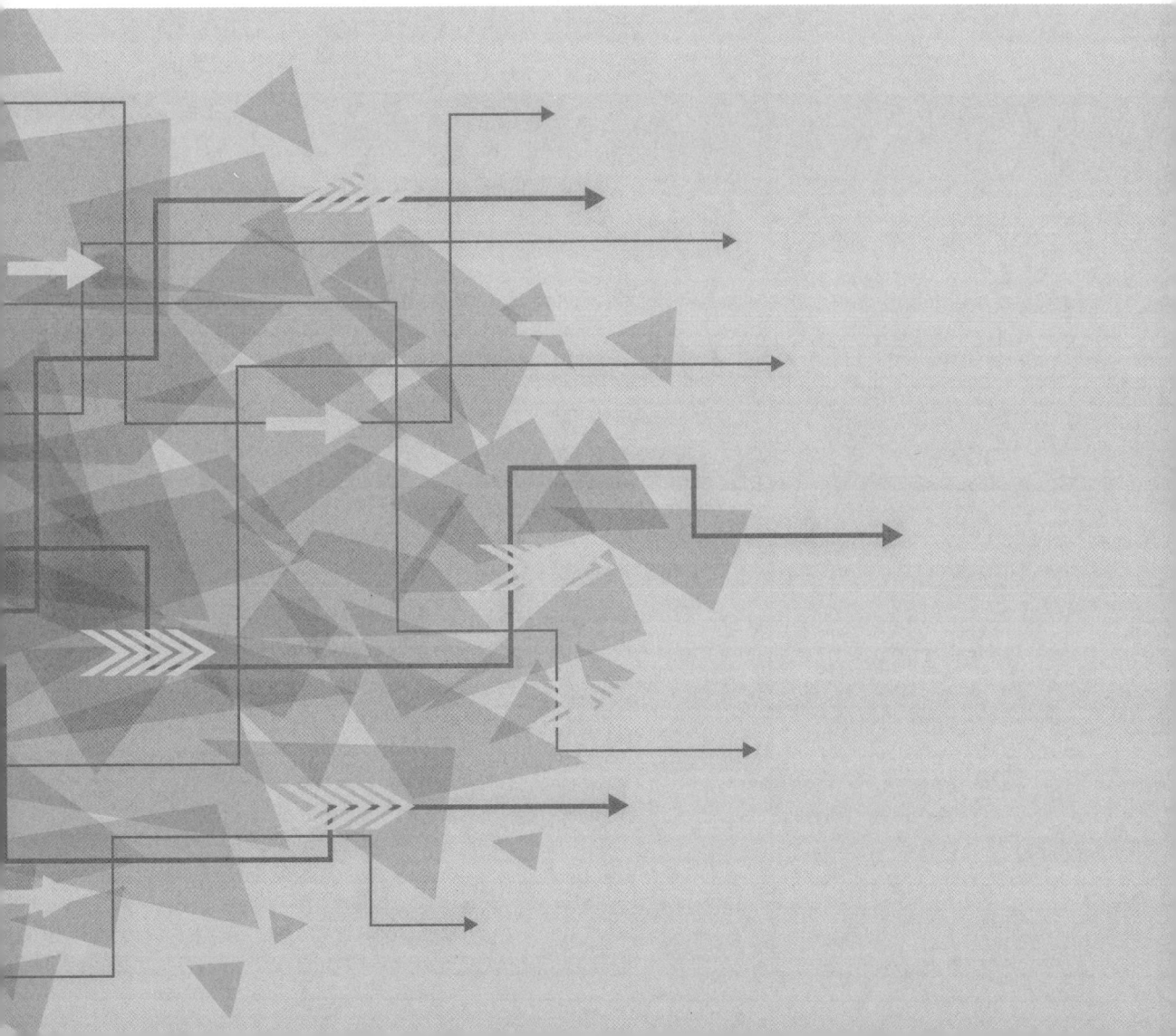

科研诚信领域的国际交流与合作在我国科研诚信建设中发挥了重要的作用。世界多个国家在科研诚信立法、制度建设、教育培训、科研不端行为调查处理等方面都有鲜明特色和成功经验。近年来，各国科研诚信建设的实践更呈现深入、多样、延伸和协调等新的发展趋势。积极开展科研诚信国际交流与合作，有利于了解和借鉴国外经验，采取更有针对性、更有效的政策措施应对我国科研诚信建设过程中的挑战。

一、政府间科研诚信交流与合作

政府间科研诚信交流与合作对我国科研诚信政策交流与研讨、参与科研诚信国际规则制定、开展科研诚信能力建设等方面发挥了重要的作用。

2007 年 2 月，中、日、韩三国政府科技主管部门的代表在日本东京举行"科研诚信三方会议"，交流各国有关科研诚信和预防科研不端行为政策，比较相互间的异同，并一致认为开展科研人员教育对遏制不端行为具有重要作用。同年 12 月，德国科学基金会（DFG）和国家自然科学基金委员会在德国沃尔茨堡市共同组织中德科研不端行为研讨会，分别介绍了各自国家科研诚信建设的实践和进展，并围绕科研不端行为现状、发生原因及应采取的应对措施等进行分析讨论[6]。

在参与国际科研诚信的治理方面，国家自然科学基金委员会、中国科学院等部门积极参与相关国际规则的制定。2013 年，国家自然科学基金委员会和中国科学院作为全球研究理事会（Global Research Council，GRC）的成员，参与编写《科研诚信原则声明》（*Statement of Principles for Research Integrity*）（2013年）。

在开展能力建设方面，科技部、教育部等部门先后与美国、欧盟等的机构联合举办或邀请国外权威专家来华开展科研诚信相关培训，提升我国科研诚信管理水平和研究能力。例如，2019年10月，科技部、欧盟委员会共同主办了"中欧科技伦理与科研诚信研讨会"（EU-China Research Ethics and Integrity Workshop），围绕科研诚信、科技伦理相关政策法规、制度规范、教育培训和治理措施等主题进行了深入的研讨交流[7]。2018年11月，教育部学位与研究生教育发展中心主办第四届中国研究生教育国际论坛，设立主题为"学术伦理与规范：培养新一代的伦理责任"的平行论坛，邀请新加坡南洋理工大学、美国恩波利亚州立大学等的国际专家学者参与交流研讨[8]。

二、非政府间科研诚信交流与合作

（一）组织和参与国际科研诚信交流活动

我国高等学校、科研机构及科技社团积极组织和参与世界科研诚信大会（World Conference on Research Integrity）、亚太地区科研诚信大会等重要国际交流活动，对了解全球科研诚信现状和经验、促进世界对中国科研诚信的认识和了解发挥了积极作用。

世界科研诚信大会是目前最大规模和最有影响的科研诚信领域国际会议，截至2021年底已举办6届（见专栏5-1）。2019年6月，第六

82

届世界科研诚信大会上，来自北京大学、清华大学、复旦大学、中国人民大学、中国农业大学、北京大学第三医院等高校和医院的30多位专家参会，并在全体会议和分组会上发言交流[9]。

专栏 5-1 历次世界科研诚信大会

2007年9月17—19日，首届大会在葡萄牙里斯本举行，来自50多个国家和地区的300多位代表出席。中国社会科学院、清华大学专家应大会主办方邀请出席了会议。

2010年7月21—24日，第二届大会在新加坡举行，全球近60个国家和地区及部分国际组织的350多位代表出席了会议。科技部、中国科学院、中国科协相关人员参会。天津大学校长龚克在全体会议上做了题为"中国的大学如何应对科研不端行为"的主旨发言。

2013年5月5—8日，第三届大会在加拿大蒙特利尔举行，40多个国家和地区的300余位代表参加了会议。科技部、教育部、中国科学院和中国科协等部门派员与会，我国多位专家和学者在全体会议、专题会议和分组会上发言。在大会上讨论了关于跨界研究的《科研诚信蒙特利尔声明》。科技部科研诚信建设办公室资助翻译出版了大会论文集《在全球环境中推动科研诚信》（*Promoting Research Integrity in a Global Environment*）的中文版。

2015年5月31日至6月3日，第四届大会在巴西里约热内卢召开，大会的主题是"科学研究激励与科研诚信：改革体制，促进负责任的科学研究"。国家自然科学基金委员会、中国科学院监督与审计局、四川大学和北京化工大学等单位同志与会。国家自然科学基金委员会主任杨卫和《浙江大学学报（英文版）》总编张月红在全体会议上做了发言。

2017年5月28—31日，第五届大会在荷兰阿姆斯特丹召开，大会的主题是"透明性与责任担当"，来自52个国家和地区的720多人出席了会议。复旦大学、北京医院、中国知网、中国岩石力学与工程学会等单位的学者参加了大会。

2019年6月，第六届世界科研诚信大会在中国香港举行，本次大会的主题是"科研诚信的新挑战"。来自全球近60个国家和地区的800余位代表参加会议。大会发布了《科研人员评估之香港准则：维护科研诚信》。

中国科协在开展科研诚信交流与合作方面发挥了重要作用。自2007年9月中国科协与美国科学促进会（AAAS）在北京联合主办"中美科学家社会责任研讨会"以来，双方已围绕科研诚信相关主题举办了一系列交流活动。2009年4月，双方与加州大学圣迭戈分校（UCSD）联合主办"中美科学道德教育研讨会"，围绕科学道德诚信建设、科研不端行为和如何通过正式与非正式教育手段开展科学道德教育等议题进行了交流和讨论[10]。2012年9月，双方在杭州联合主办"中美科学道德诚信案例研讨会"，围绕"署名权和名誉""利益冲突""剽窃与原创作品""科研合作"专题介绍典型案例，分析问题产生的原因。2014年10月，中美科学道德诚信建设研讨会在美国科学促进会总部召开。两国科学家围绕"科学道德诚信学科建设和专门人才培养"主题进行了深入的交流和研讨。2014年4月，中国科协、中国科学院与国际科联科学自由与责任委员会（CFRS）共同举办"科学评估与科研诚信国际研讨会"，围绕"在快速发展的科学体系中的科学评估经验""科学评估对科研诚信的影响"两个主题进行了广泛而深入的研讨，国内外60余位学者参与讨论。此外，中国科协在年会期间也会举办科学道德相关论坛，"科研诚信"是论坛讨论的重要方面，来自美国、日本等国的专家学者曾参与论坛交流。2013年5月7日，中国科协与欧盟委员会在北京共同举办"国际科研与创新政策研讨会"，来自欧洲、美国和国内的近20位专家围绕共同应对全球重大挑战、负责任的研究与创新政策、全球科学治理、科研创新等议题进行了广泛的交流和讨论[11]。中国科协还与主要国际学术出版集团和国际出版伦理委员会（COPE）保持联系，并就应对学术不端行为的策略及开展合作问题进行交流[12]。

亚太科研诚信网络大会（Research Integrity in Asia and Pacific Rim Meeting，APRI Meeting）由美国科研诚信办公室筹划召开，旨在使亚太地区各国机构的代表可以共同讨论如何处理科研不端行为举报，以及在多样的文化和不同类型机构中促进科研诚信，至今已举办4届，每届都有我国学者参与。2016年2月，首届大会在美国加州圣迭戈市召开。与会者交流了促进科研诚信建设的做法和经验，分析了在科研诚信和科研管理方面所面临的审稿造假、利益冲突、违反科研伦理规定、研究结果不可重复、考核评价制度等方面的问题和挑战，并探讨如何应对这些问题及完善科研不端行为调查处理制度和机制。来自10多个国家和地区的60余位代表出席了会议。2017年2月和2018年2月分别在中国香港和中国台湾举办了第二和第三届。2021年2月，第四届大会以在线方式举行，全球900多位观众参加了会议[13]。

2012 年 12 月 10 —11 日，21 世纪国际大学联盟（Universitas 21，U21）在中国香港举办"U21 处理科研不端行为研讨会"，围绕"加强大学应对科研不端行为的政策措施""促进科研诚信教育"展开讨论，并召开由有关大学代表参加的闭门会议，讨论具体案件的调查处理过程。科技部科研诚信建设办公室和上海交通大学的代表应邀出席了研讨会[14]。

此外，我国高校、科研院所等也组织开展了科研诚信相关国际会议。2016 年 8 月，北京大学举办了"公共卫生伦理与科研诚信国际研讨会暨世界生命伦理学会公共卫生伦理学组（International Association of Bioethics Network of Public Health Ethics）学术会议"。来自世界卫生组织（WHO）、澳大利亚悉尼大学的有关专家及我国公共卫生、科研伦理、生命伦理等领域的 100 余位专家同行参加了会议[15]。2021 年 7 月 14 日，爱思唯尔公司与中国科学技术信息研究所联合举办以"科研诚信：如何缔造更好的科学"为主题的线上研讨会。*Cell*、*The Lancet*、*Heliyon* 等国际期刊的主编或执行主编，以及我国学者围绕科学文献修正、出版伦理、图像取证等热点问题展开讨论，并深入探讨学术期刊、学术机构、科研工作者等各方在加强科研诚信方面应发挥的作用[16]。

（二）开展合作研究

中国科学院作为国际科学院委员会（IAC）和国际科学院组织（IAP）成员，积极参与 IAC/IAP 在科研诚信建设方面的努力，包括参与编写 IAC/IAP 政策报告《全球研究事业中的负责任行为》（*Responsible Conduct in the Global Research Enterprise：A Policy Report*）（2012 年），并组织翻译上述政策报告和国际科学院合作伙伴（*InterAcademy Partnership，IAP*）组织编写出版《开展全球科研：在全球科研事业中负责任行为指南》（*Doing Global Science：A guide to responsible conduct in the global research enterprise*）（2016 年）。

2020 年 7 月，中国科学技术信息研究所与施普林格·自然出版集团（Springer Nature）在北京共同发布合作编写的《学术出版第三方服务的边界蓝皮书（2020 年版）》，旨在帮助研究人员避免因接受第三方不当服务而发生诚信与出版道德问题[17]。

我国许多科研机构的研究团队和学者参加了欧盟资助的科研诚信和伦理研究项目，如"促进全球负责任研究与社会和科学创新"（PROGRESS）项目、"全球科技伦理"（GEST）项目、"在国际科研中创造和巩固可信赖、负责任及平等的伙伴关系"（TRUST）项目、"提高泛欧和国际范围人们的生物测定与安全伦理意识"（RISE）项目、"对经济、社会和人的权益有重大影响的新技术引发的利益相关者伦理"（SIENNA）项目，并参与了相关研究报告的撰写，如《生物测定的伦理与政策》（*Ethics and Policy of Biometrics*）（2010 年）、《科学技术治理与伦理：来自欧洲、印度和中国的全球性观点》（*Science and Technology Governance and Ethics：A Global Perspective from Europe，India and China*）（2015 年）等专著。

在科研诚信相关领域，我国一些研究团队和学者（包括在国外的留学生和访问学者）与国外专家学者联合发表研究论文或参与撰写国外学者主编专著、参考书中的部分章节，如《国际科研合作：可以获益良多，也有很多可能陷入困境》（*International Research Collaborations：Much to be Gained，Many Ways to Get in Trouble*）（2011 年）、《学术诚信手册》（*Handbook of Academic Integrity*）（2016 年）。我国也有学者应邀担任科研诚信相关期刊的编辑委员会成员，以及论文或书稿的审稿人。

国内一些研究团队还与撤稿观察（Retraction Watch）数据库维护者建立合作关系，利用该数据库跟踪和研究国际期刊撤稿问题。

我国政府和学者也一直致力于推进落实联合国可持续发展目标（SDGs），关注负责任研究与创新。欧盟"地平线2020"研究与创新框架计划资助的项目"负责任研究与创新全球网络"（Responsible Research and Innovation Networked Globally，RRING）成立，我国有10余位学者和管理人员注册为该网络成员，促进相互学习和相关工作的开展[18]。

（三）开展和参加国际培训

与国外相关科研机构、科学组织和学术出版商联合开展教育培训活动，有利于提升我国科研诚信领域的教育和培训能力，促进科研诚信领域的知识获取和人才培养。2011年7月27—28日，美国神经科学学会（SFN）与中国神经科学学会（CNS）首次共同举办"学术道德和学术交流技巧"讲习班。来自中国科学院心理研究所、遗传与发育生物学研究所、生物物理研究所，以及部分综合大学、医科院校的50余位师生参加讲习班[19]。2013年6月1—2日，卫生部新闻宣传中心（中国健康教育中心）、中国期刊协会医药卫生期刊分会和中华医学杂志社主办"国际医学期刊编辑伦理学术论坛暨国际医学编辑高级研修班"，来自国际出版伦理委员会（COPE）、国际医学期刊编辑委员会（ICMJE）、国际促进卫生研究质量与透明化协作网（EQUATOR）、随机对照试验报告指南（CONSORT）工作组、欧盟临床试验标准化委员会（GCPA）等组织的负责人应邀参加论坛，并分别介绍了医学研究和学术出版规范、调查处理出版相关的不端行为、提高研究结果报告的质量，以及期刊和期刊编辑的角色与责任等方面内容，国内 115 家期刊的 180 余位代表参加了论坛和研修班[20]。2017 年 3 月 26 日，国际出版伦理委员会（COPE）和国际管理与技术编辑学会（ISMTE）在北京联合举办主题为"出版道德的核心内容"（Pillars of Publication Ethics）的首届中国研讨班，聚焦学术出版过程中的作者署名、同行评审和剽窃等问题。来自不同国家的 6 位专家作了特邀报告，近 200 位中外期刊编辑参加了研讨班，并在互动环节围绕会议主办方提供的情景案例进行了讨论分析[21]。在科研诚信和科研伦理课程教学方面，2017 年 6 月，中南大学湘雅医院与美国耶鲁大学公共卫生学院合作的"中南大学生命伦理学硕士层次教育项目"获美国国立卫生研究院（NIH）资助。该项目资助期限为 5 年，资助金额 120 万美元[22]。

三、小结

通过在科研诚信领域开展国际交流与合作，我国在借鉴其他国家科研诚信建设工作经验的基础上，进一步建立健全了相关制度措施，促进了负责任的研究与创新，提高了研究质量。一是提高了我国科研诚信管理水平和管理能力，同时也增强了国际社会对我国科研诚信建设工作的了解。二是拓展了科研诚信管理部门和科研人员的视野和思路，促进了对国外科研诚信建设方面进展、经验和创新的了解和掌握。三是有利于应对国际合作研究中的诚信问题，增强彼此信任，促进更大范围的合作。

在科研诚信交流合作不断扩展的同时，也存在着一些不足。一是对国际科学界关注的一些重点问题关注不够。目前有关科研诚信和负责任研究与创新等主题的国际性会议，国内学者的参与度仍然不高。二是国际科研诚信信息传播力度不足。目前我国刊载国外科研诚信制度、经验和成果的期刊也比较有限，科研诚信研究人员在一定程度上面临"发表难"的问题。三是国际合作的深度和广度不够。在中外合作研究、共同制定有关规范、联合开发教育培训材料等方面的活动相对较少。

第六章

科研诚信建设典型案例

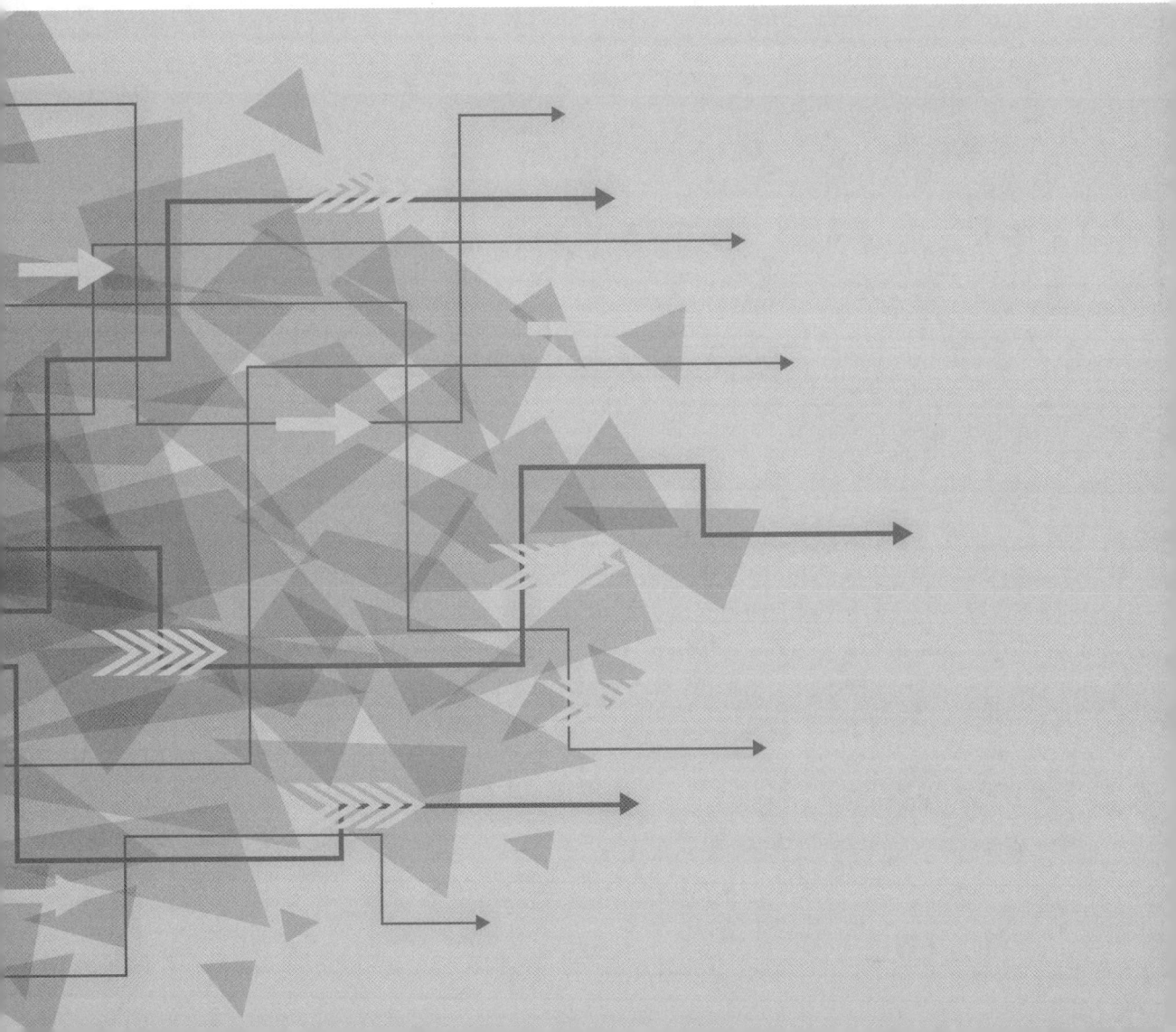

近年来，随着全社会对科研诚信重视程度的提高，从国家到地方，从政府管理部门到科研主体，均采取多种举措加强科研诚信建设。本章基于问卷调查、公开信息的收集和座谈调研，选取了5个科研诚信建设典型案例，以期为相关部门、科研机构等提供参考。

一、北京科技计划项目承担单位诚信典型试点举措

2020年6月12日，《北京市科学技术委员会印发〈关于落实"放管服"要求进一步完善北京市科技计划项目经费监督管理的若干措施〉的通知》（京科发〔2020〕8号）发布，第七条提出试点承担单位诚信典型管理。纳入诚信典型管理试点的承担单位，其内部审计机构出具的科技计划项目经费审计报告或加盖单位财务部门和审计部门等印章的经费总决算表可作为验收（结题）依据，在2年时间内免于本市科技计划项目验收（结题）经费审计。

2020年10月30日，北京市科委印发《关于开展首批北京市科技计划项目经费监督诚信典型管理单位申请及备案的通知》（京科监发〔2020〕171号），详细说明了诚信典型管理单位申请及备案条件、诚信典型管理单位申请及备案程序、解除诚信典型管理单位的情况。

诚信典型管理单位申请及备案条件中包括：申请单位在北京市科技计划项目管理信用系统中的信用等级为B级（含）以上；申请单位"2018—2020年"在"信用中国"、"信用北京"、科技部科研诚信信息系统等系统中无不良信用记录，且未被法院列入严重违法失信被执

行人；申请单位"2018—2020 年"连续 3 年承担的北京市科技计划项目
（课题）、工作任务未出现"终止"记录等具体要求。

诚信典型管理单位申请及备案程序包括申报、形式审查与信息初审、
专家评议、复核、公示、公告 6 个环节。科研经费诚信典型管理单位试
点不设名额限制，申请单位只要符合基本条件即可准入。申请时只需要
填报"一张申请书、一份承诺函"，北京市科委、中关村管委会将对申
请单位的信用和项目管理等信息在后台进行核查。专家评议环节由北京
市科委组织召开专家评议工作会，申报单位阐述理由并进行答辩，专家
评议团根据申报单位材料和现场答辩情况进行综合评议。根据评议结果，
择优拟定"诚信典型管理单位"名单。专家评议主要包括 5 个一级指标、
11 个二级指标（表 6-1）。一级指标分别为单位内控情况、内部监督
部门设立与实施责任情况、信用情况、法人责任制落实情况、以前年度承
担科研项目情况，其中信用情况占总分值的 15%。科研单位的信用情况主
要基于科研单位在"信用中国"、"信用北京"、科技部科研诚信信息系统、
北京市科技计划项目管理信用系统、是否被法院列入严重违法失信被执行
人的已有记录五方面数据。

表 6-1　北京市科技计划项目经费监督诚信典型管理单位专家评议打分表

一级指标	二级指标	评价内容
1. 单位内控情况（本指标 12 分）	内控组织及工作机制建设（本指标 6 分）	是否明确内控工作的牵头部门及在内控工作中的职责（或牵头岗位及职责）（2 分）
		是否明确内控工作的监督部门及在内控工作中的职责（或监督岗位及职责）（2 分）
		是否针对本单位内控体系的建设制定了工作方案（2 分）

续表

一级指标	二级指标	评价内容
1.单位内控情况 （本指标12分）	风险点防控 （本指标6分）	是否对预算业务中已识别的风险点制定了风险防控措施或相关规定（2分）
		是否对收支业务中已识别的风险点制定了风险防控措施或相关规定（2分）
		是否对合同业务中已识别的风险点制定了风险防控措施或相关规定（2分）
2.内部监督部门设立与实施责任情况 （本指标38分）	内部监督培训 （本指标6分）	是否针对单位内部监督方面进行专题培训（3分）
		是否对内审岗位人员进行相关培训或考评（3分）
	内部监督部门 （本指标12分）	是否有单独的内部监督部门及负责人（3分）
		是否明确内部监督部门的工作分工（3分）
		是否有内审人员岗（3分）
		是否明确岗位资格要求（3分）
	内部审计或其他监督情况 （本指标20分）	是否完成本单位内审报告或其他监督检查报告（10分）
		审计报告或内部审计报告是否客观反映本单位存在问题（10分）
3.信用情况 （本指标15分）	单位信用情况 （本指标15分）	信用中国（3分）
		信用北京（3分）
		科技部科研诚信信息系统（3分）
		北京市科技计划项目管理信用系统（3分）
		是否被法院列入严重违法失信被执行人（3分）
4.法人责任制落实情况 （本指标20分）	科研管理制度 （本指标17分）	法人责任制相关管理制度是否建立（5分）
		建设项目业务管理具体包含哪些相关制度（12分）
	科研内部公开 （本指标3分）	科研项目内部公开制度是否建立

续表

一级指标	二级指标	评价内容
5. 以前年度承担科研项目情况（本指标15分）	承担项目情况（本指标5分）	承担北京市科委项目
	项目审计情况（本指标5分）	验收审计报告是否有一二类问题
	验收情况（本指标5分）	专家验收意见中对财务、审计意见情况

资料来源：《关于开展首批北京市科技计划项目经费监督诚信典型管理单位申请及备案的通知》。

列入"诚信典型管理单位"的期限原则上为两年，如这期间出现在科技计划项目监督检查过程中发现问题且拒绝整改，在科技计划项目监督检查过程中发现重大经费管理问题的，被列入北京市科技计划项目管理信用系统中的不良信用，被列入"信用中国"、"信用北京"、科技部科研诚信信息系统等系统中不良信用记录或被法院列入严重违法失信被执行人的，北京市科委可以单方面解除备案。

经公开征集、专家评议等程序，中国科学院高能物理研究所、首都儿科研究所附属儿童医院、北京大学第三医院、北京信息科技大学4家单位入选，试点实施科技计划项目经费监督诚信典型管理，期限2年。该试点将科研诚信承诺制落到实处，诚信单位强化自我约束、自我担责，有利于单位内部监督力量的发挥和主体责任的落实。

二、重庆市科研诚信分类分级评价方法和评价结果使用

2021年9月14日，重庆市出台了《重庆市科技计划项目诚信管理

办法》，要求对重庆市科技计划项目的需求征集、指南编制、推荐申报、立项评审、过程执行、结题验收、监督检查、绩效评价及成果转化等各个环节责任主体，通过科技计划项目诚信管理系统进行诚信承诺、信用记录、分类定级，并实施守信激励和失信惩戒的管理行为。2021年9月26日，重庆市出台了《重庆市科学技术局科技计划项目诚信管理细则》，其中对失信行为类别和计分方法等进行了具体说明。本部分重点对科研诚信分类分级评价方法和评价结果使用进行介绍。

（一）评价方法

重庆市对项目承担单位、项目组成员、科技专家、第三方机构设置初始信用分值10分，当出现失信行为时，根据其失信行为扣减相应分值。一般失信行为每项失信记录扣减的基本分值范围为1~4分，严重失信行为每项失信记录扣减的基本分值范围为5~10分。各类主体的失信行为及对应扣减分数如表6-2至表6-5所示。信用评级分A、B、C、D 4个等级，各责任主体的评价等级由系统按照当前分值高低自动排序生成。10分为等级A，7~10分（含7分）为等级B，2~7分（含2分）为等级C，2分以下为等级D。信用记录以系统自动获取为主，对系统中已设置的失信行为，一经触发，由系统自动记录并扣减责任主体相应信用分值。系统无法自动记录的失信行为，由重庆市科技局项目管理人员进行人工录入。各责任主体出现失信行为并被扣减分值，可通过系统短信、书面通知等方式告知。各责任主体应保证联系方式真实有效。责任主体为项目承担单位或第三方机构的，每项失信行为扣分的有效期为自扣分之日起算24个月，期满则该项扣分自动移除；责任主体为项目组成员或科技专家的，每项失信行为扣分的有效期为自扣分之日起算36

个月，期满则该项扣分自动移除。

表 6-2　项目承担单位失信行为与扣分标准

序号	失信行为	行为等级	基本扣减分值	备注
1	未及时更新系统信息	一般失信	1	
2	科研诚信建设主体责任履行不到位，未将科研诚信工作纳入常态化管理	一般失信	2	★
3	未按要求履行法人责任，未建立或未执行本单位科技计划项目或科研经费财务管理制度及内部控制制度	一般失信	2	★
4	无正当理由未履行合同（任务书、协议书等）约定	一般失信	2	★
5	未及时报送绩效评价、审核科技报告等	一般失信	2	★
6	未在任务书约定时间内提交结题申请	一般失信	2	★
7	科技计划项目强制终止	一般失信	4	★
8	逾期 6 个月及以上未结题	一般失信	4	★
9	其他未履行职责，并造成不良影响的行为	一般失信	1 ~ 4	☆
10	不配合监督检查和评估评审工作，对相关处理意见拒不整改或虚假整改	严重失信	5	★
11	未履行法人责任，管理严重失职，导致项目无法验收或结题，造成较大影响或损失	严重失信	6	★
12	编造科研成果，故意侵犯他人知识产权；在相关科学技术活动的申报、评审、实施、验收或监督评估等活动中提供虚假材料或信息	严重失信	9	
13	对失信行为及诚信案件调查处理不力，包庇、纵容所属科研人员严重失信行为	严重失信	9	

续表

序号	失信行为	行为等级	基本扣减分值	备注
14	采取贿赂或变相贿赂、造假、故意重复申报等不正当手段获取管理、承担科技计划项目资格	严重失信	10	
15	违反财经纪律，截留、挤占、挪用、转移科研经费；未按规定或拒不上缴应收回的结余资金	严重失信	10	
16	其他违反科技计划项目管理规定及财经纪律，且造成严重后果和恶劣影响的行为	严重失信	5 ~ 10	☆

资料来源：《重庆市科学技术局科技计划项目诚信管理细则》。

注：表6-2、表6-3、表6-4、表6-5中"★"标记的记分方法为：（失信行为基本扣减分值 × 责任主体权重值）/（责任主体在科技局项目管理系统中承担的在研项目数 + 结题项目数）：当责任主体仅为项目牵头单位或项目负责人时，权重值为100%；当责任主体包括有项目参与单位或项目参与人员时，牵头单位或项目负责人的权重值为80%；项目参与单位或项目主要参与人共同权重值为20%，按参与单位或主要参与人数量平均划分。表中"☆"标记内容需在实际工作中进一步完善细化，由相关记录处室受理记录并查实后，提出扣分建议，经由处室领导签字，报监督处审批执行。

表6-3　项目组成员失信行为与扣分标准

序号	失信行为	行为等级	基本扣减分值	备注
1	未及时更新系统信息	一般失信	1	
2	未经许可擅自修改项目任务书考核指标；违反合同（任务书、协议书等）约定	一般失信	2	★
3	未在任务书约定时间内提交结题申请	一般失信	2	★
4	逾期6个月及以上未结题	一般失信	2	★
5	科技计划项目强制终止	一般失信	4	★
6	其他违反项目任务书约定，并造成不良影响的行为	一般失信	1 ~ 4	☆

续表

序号	失信行为	行为等级	基本扣减分值	备注
7	不配合监督检查、评估评审或日常管理工作，对相关处理意见拒不整改或虚假整改	严重失信	5	★
8	无正当理由不执行项目任务书经费管理、验收等约定	严重失信	6	★
9	违反论文、专利等项目成果署名规范，擅自标注或虚假标注获得科技计划等资助	严重失信	6	★
10	抄袭、剽窃、侵占、篡改他人研究成果，编造科研成果，故意侵犯他人知识产权；在相关科学技术活动的申报、评审、实施、验收或监督评估等活动中提供虚假材料或信息	严重失信	9	
11	项目组其他人员发生严重失信行为，未及时制止甚至包庇、纵容；不配合失信行为调查处理	严重失信	9	
12	开展危害国家安全、损害社会公共利益、危害人体健康、违反伦理道德的科学技术研究开发活动	严重失信	10	
13	采取贿赂或变相贿赂、造假、故意重复申报等不正当手段，骗取科技计划、科研经费及奖励、荣誉等	严重失信	10	
14	违反科研资金管理规定，违规使用或贪污财政经费，谋取私利	严重失信	10	
15	其他违背科研诚信要求，且造成严重后果和恶劣影响的行为	严重失信	5~10	☆

资料来源：《重庆市科学技术局科技计划项目诚信管理细则》。

表 6-4 科技专家失信行为与扣分标准

序号	失信行为	行为等级	基本扣减分值	备注
1	无正当理由缺席或擅自委托他人顶替,未遵守现场规则擅自离席或与项目承担单位接触	一般失信	2	
2	履责过程中,对其他专家施加影响或发表倾向性言论,影响其他专家独立发表意见	一般失信	2	
3	未在规定时间内提交咨询评审意见,或评价意见简单空泛	一般失信	2	
4	其他未按规定履行职责,对咨询、评估等过程或结果造成不良影响的行为	一般失信	1 ~ 4	☆
5	故意违反回避制度要求,隐瞒利益冲突	严重失信	8	
6	咨询或评审评价、评估意见严重失实	严重失信	8	
7	利用参与评审工作获得的非公开技术、商业信息为本人或第三方谋取私利	严重失信	8	
8	违反独立、客观、公正原则,以不正当方式干涉科技计划项目评审评估与管理	严重失信	10	
9	索取或收受项目单位及相关人员的礼品、礼金、有价证券、支付凭证等财物,以及接受可能影响公正性的行为	严重失信	10	
10	擅自复制、留存、泄露科技计划项目评审与管理相关信息、资料;违反科学技术保密相关规定,造成较大影响或损失	严重失信	10	
11	其他违背评审工作纪律,且造成严重后果和恶劣影响的行为	严重失信	5 ~ 10	☆

资料来源:《重庆市科学技术局科技计划项目诚信管理细则》。

表 6-5　第三方机构失信行为与扣分标准

序号	失信行为	行为等级	基本扣减分值	备注
1	项目管理与服务制度不健全，内部管理混乱	一般失信	2	
2	发现项目存在重大违规违纪情况未及时报告	一般失信	4	
3	其他违反项目管理服务工作要求，并造成不良影响的行为	一般失信	1~4	☆
4	严重违反相关规定或制度、违反委托合同约定，导致管理项目无法验收或发生严重违规违纪问题	严重失信	6	
5	故意违反回避制度要求，隐瞒利益冲突	严重失信	8	
6	出具的咨询或评审评价、评估报告严重失实	严重失信	8	
7	违反独立、客观、公正原则，以不正当方式干涉科技计划项目评审评估	严重失信	10	
8	采取贿赂或变相贿赂、造假、串通等不正当手段获得项目管理服务事项	严重失信	10	
9	单位管理严重失职，存在索取或接受项目承担单位贿赂；受利益相关方请托向评审专家输送利益，干预科技计划项目评审或向评审专家施加倾向性影响；擅自复制、留存、泄露科技计划项目评审与管理相关信息、资料等行为	严重失信	10	
10	其他违反科技计划项目管理规定，且造成严重后果和恶劣影响的行为	严重失信	5~10	☆

资料来源：《重庆市科学技术局科技计划项目诚信管理细则》。

（二）评价结果使用

1. 评价等级为 A

对有承担项目或委托工作经历的责任主体，以项目管理系统提醒、定期短信告知等方式褒扬诚信，将其列入科研诚信守信行为数据库，同等条件下优先支持其参与相关科技活动，并将其推送至"信用中国（重庆）"等公共信用平台，依法依规有序公开。

2. 评价等级为 B

以项目管理系统提醒、定期短信告知等方式警示。责任主体为项目承担单位或第三方机构的，适当减少其承担市级科技计划（专项）项目或相关委托事项数量；责任主体为项目组成员或科技专家的，1 年内取消其承担重点及以上市级科技计划（专项）项目资格或相关委托事项。

3. 评价等级为 C

以项目管理系统提醒、定期短信告知等方式警示，限制其参与有关市级财政科技发展资金支持的科技活动资格。责任主体为项目承担单位或第三方机构的，2 年内取消其承担市级科技计划（专项）项目资格或相关委托事项；责任主体为项目组成员或科技专家的，3 年内取消其承担申报市级科技计划（专项）项目资格或相关委托事项。

4. 评价等级为 D

该类主体即时纳入科研诚信严重失信行为数据库，以项目管理系统提醒、定期短信告知等方式警示，并发出书面警告。责任主体为项目承担单位或第三方机构的，2年内取消其参与有关市级财政科技发展资金支持的科技活动资格；责任主体为项目组成员或科技专家的，3年内取消其参与有关市级财政科技发展资金支持的科技活动资格。信用分值为0分及以下的责任主体，按规定发送至"信用中国（重庆）"等公共信用平台，实施联合惩戒。

三、中国科学院大连化学物理研究所实验数据管理

做好翔实可靠的实验记录，妥善保存实验原始数据是对科研人员的基本要求，也是做好科学研究必不可少的环节。翔实的实验记录有助于科研人员对过往实验内容和实验方法的回溯，对实验结果可靠性的进一步验证，对科学新发现的确认。《作风学风意见》也围绕实验记录、原始数据资料的管理提出要求。中国科学院大连化学物理研究所（以下简称"大连化物所"）在实验记录管理和原始数据保存方面开展了多项工作，先后制定了《大连化物所实验实验记录本管理规定》《大连化物所实验原始记录管理办法》《大连化物所科研成果原始数据核查办法》等文件，在实验记录与原始数据管理等方面的做法很有参考价值。

（一）实验记录本管理

实验记录本是实验过程中实验方案、实验过程、实验数据、结果分析的重要记录载体，做好实验记录本的管理对保证科研数据质量、提高科研效率具有重要意义。大连化物所制定了《大连化物所实验实验记录本管理规定》，对实验记录本的使用要求、实验记录基本要求等作出规定。

大连化物所的实验记录本由研究所统一制作、编号、发放，研究组档案员负责组内的实验记录本登记管理，责任到人，课题结束后随课题其他材料一同归档，研究组组长在归档清单上签字。具体措施如下。

① 专人保管。实验记录本由兼职档案员统一到综合档案室领取，专供实验记录使用，不得记载其他无关事项。

② 收发登记。组内实验记录本领用必须登记，包括实验记录本编号、记录领用人、领取时间、归还时间、经办人、处理情况等。

③ 离所收回。职工、学生离所时应将实验记录本交给本组兼职档案员保存。

④ 一本专用。正式签订合同的项目或课题，应建立新的实验记录本。严格按照一个课题使用一本实验记录本，不得多课题混用，一个大项目中的多个课题也不得同用一本实验记录本，课题结题后随课题一起归档。

⑤ 信息完整。实验记录本封面页写明课题名称、起止年月、使用人等。

⑥ 加强对撤销研究组的实验记录本核查。研究组解散前，要做好组内实验记录本的清查工作，核查历年实验记录本领用数量，由兼职档案员填写实验记录本核查表，标明实验记录本去向，并由组长签字确认。符合归档范围的实验记录本，应在课题结束后及时归档；科研人员若继续留在所内工作，经过组长同意后，实验记录本可随调离人员转交到新的部门，两个部门兼职档案员要签字确认。

2020 年，共发放实验记录本 1303 本，归档 358 本。梳理 2011—2019 年全所实验记录本管理情况，组织现存 72 个研究组进行组内实验记录本管理情况自查。

（二）规范原始记录管理

为提升研究人员原始记录的规范性，保证记录人记录的实验内容可重复，大连化物所在2011年制定的《大连化物所实验原始记录管理办法》中对实验记录书写、实验记录内容、电子数据管理等作出了详细明确的规定。

① 规范书写。使用蓝、黑墨水的钢笔或签字笔书写，字迹要清晰整洁，不得随意划改，若必须修改，应在修改处画一条斜线，不可以完全涂黑，保证修改前记录能够辨认，并由修改人签字，注明修改时间及原因，如"加入原料二甲基乙酰胺30 kg，李××，2012.4.11"。写错页不得撕毁。

② 内容翔实。实验记录内容要详细，做到真实、及时、准确、完整。实验记录中包含以下信息：实验名称、实验人员、实验时间、实验环境、实验目的、实验设计或方案、实验仪器、实验材料和药品、实验装置、实验详细步骤、原始数据、实验现象、对合成样品的处理、实验结果、结果分析、下次实验初步设想及同实验相关的文献。

③ 电子数据。计算机中的电子数据应与记录本中的数据一一对应，按照记录本中的实验顺序排列，建立统一的命名规则，以便于查找。电子数据应备份保存，避免丢失，在课题结束时刻录成光盘，和实验记录本一同归档。

④ 记录顺序。实验记录以时间顺序记录，中间穿插不同的实验以时间顺序为准则，底部可标记转移记号。

⑤ 理论计算记录。应包括计算时间、计算目的、计算计划、计算方法、计算参数、数据处理结果、计算结果和存在问题的分析、下次初步设想和相关文献。

大连化物所开发出电子数据集中管理系统，实现了分级管理、长期备查。为保证系统的推广使用，按不同权限与需求制定了系统操作与使用手册，组织了多批次培训，完成41个研究组的系统部署。2020年，新增8个研究组安装系统。目前在全所范围内组建完成86人的数据管理员队伍。电子数据集中管理系统成功解决了研究生毕业、人员离所带来的电子数据追溯困难的问题。

（三）原始数据核查

2018年《诚信建设意见》中提出了科研单位对重要学术论文等科研成果进行全覆盖核查的要求。为强化科研成果原始数据的管理和监督，大连化物所于2020年11月修订了《大连化物所科研成果原始数据核查办法》，其原始数据核查范围包括重要研究成果，公开发表的非综述、非摘要类论文，被质疑的研究成果，主要核查原始数据的真实性、重复性和可追溯性。研究所每年组织全所1/3总量的研究组进行复查，每个研究组核查成果1项。核查组根据核查对象的专业领域组建，每组由核查专家、观察员、联络员共5～7人组成。其中核查专家3～4人，由学风道德委员会委员、中青年科学家担任，观察员由新任研究组长、引进人才担任。核查专家现场对成果和实验记录的真实性、重复性和可追溯性进行判定，期间会有提问，形成核查记录和结论。核查过程中，如有必要，经学风道德委员会同意，可以接受研究组对实验进行重复。如在核查中对结果存在异议，研究组可向监审处申诉，监审处报学风道德委员会仲裁。核查组将针对每一个研究组撰写数据核查记录，对论文真实性、可溯性、重复性形成明确意见，并针对存在的不足提出改进建议。监审处对核查情况汇总后，形成核查总结报告报研究所学风道德委员会和领导班子，并以适当方式通报原始数据核查中发现的普遍问题和存在的风险。如有违背科研诚信要求的行为，按《大连化物所科研诚信案件调查处理实施细则》进行处理。

2006—2019 年，共开展 14 次数据核查，核查论文 292 项，覆盖全部研究组。研究所年度核查共发现问题 138 项，主要包括实验记录不规范、可追溯性差、实验记录本不符合要求、署名和致谢不规范、数据处理不规范、重复性试验不充分、电子数据管理不规范等问题。

四、中国农业科学院科研信用管理

中国农业科学院在科研信用管理方面进行了积极探索。2018 年 9 月，中国农业科学院印发《科研诚信与信用管理暂行办法》，指出科研信用管理工作的原则是保护创新积极性和相关责任主体的合法权益，科研信用管理的任务是失信行为清单编制与调整、失信行为调查与认定、失信行为记录与惩戒。其管理流程包括：编制科研失信行为清单，中国农业科学院科技局对清单中的行为进行调查与认定，认定属实的计入失信记录表。中国农业科学院学术委员会每年根据失信记录表的内容对责任主体作出累计评价。为让失信行为的调查与认定有据可循，中国农业科学院配套出台了《中国农业科学院学术道德与学术纠纷调查认定办法》，对调查与认定中的受理与调查程序、复议程序、认定与处理进行规定，为进一步做好失信行为记录提供指导。

（一）科研诚信建设责任体系

中国农业科学院学术道德委员会负责全院的科研诚信建设与信用管

理工作，日常事务由中国农业科学院科技管理局牵头承担。院属各单位承担主体责任，院属学术委员会发挥评议、评定、受理、调查、监督、咨询等作用，日常事务由科技处负责。

（二）科研信用管理对象

科研信用管理的对象包括从事科研活动的院属各单位及其科研人员，包括聘用人员、博士后、客座人员、研究生等。

（三）科研失信行为清单编制

科研失信行为将采用负面清单的方式记录。信用评分分三级：在没有扣分情况下信用合格（三星，***）（*代表信用评分），一般失信（两星，**），严重失信（一星，*）

科研失信行为有两种：一种是科研人员在科技活动中违反科研诚信的科研失信行为；另一种是科研机构违反科研诚信管理规定或不规范造成的管理失信行为。

违背科研诚信要求的行为首先将被列入科研失信行为清单。根据《中国农业科学院科研机构失信行为清单》《中国农业科学院科研人员失信行为清单》的内容，科研失信行为清单包括"失信记录内容""扣分标准"两栏，根据失信行为的轻重扣分不同。在科研机构失信行为清单中，造假、未及时上报重大问题、机构内人员一年内多次出现失信记录、科研管理不力等行为，每符合一项扣一星（*）；瞒报谎报、科技经费管理和使用问题、其他管理失职行为等造成严重后果的，每符合一项扣两星（**）。在科研人员失信行为清单中，违反科研道德、夸大研究成果的学术价值与经济社会效益、一稿多投、不当牟利、不当署名及其他行为，每符合一项扣一星（＊）；造假、伪造、篡改、购买、代写、抄袭、恶意干扰或妨碍他人科研活动、违反科研伦理造成严重后果等行为，每符合一项扣两星（＊＊）（表6-6）。

表6-6　中国农业科学院科研机构与科研人员失信行为清单

责任主体	失信记录内容	扣分标准
科研机构	在项目申请、成果申报等工作中组织提供虚假信息或文字材料	每符合一项扣一星（＊）
	发现重大问题未及时上报造成不良影响	
	机构内科研人员一年内出现3次不良信用记录或2次严重失信记录	
	科研诚信管理不力，造成不良影响	
	瞒报或谎报重大事件，造成严重后果	每符合一项扣两星（＊＊）
	科技经费管理和使用出现系统性问题，造成重大损失	
	其他管理失职行为，造成严重后果	
科研人员	违反科研道德盗用他人的学术观点、假设、学说	每符合一项扣一星（＊）
	脱离事实过分夸大研究成果的学术价值、经济与社会效益或刻意隐瞒科研成果不利影响	
	将同一研究成果提交多个出版机构发表（一稿多投）	
	用科研资源谋取不正当利益	
	署名不当行为，将应署名的人或单位排除在外，或者未经他人许可擅自署名，擅自标注或虚假标注获得科技计划（专项、基金等）资助	
	其他科研不端行为	

责任主体	失信记录内容	扣分标准
科研人员	在项目申请、成果申报、职称评定等工作中弄虚作假，提供虚假个人信息、获奖证书、论文发表证明、文献引用证明等	每符合一项扣两星（**）
	伪造、篡改研究数据、研究结论	
	购买、代写、代投论文，虚构同行评议专家及评议意见	
	抄袭、剽窃他人科研成果，侵犯或损害他人著作权	
	恶意干扰或妨碍他人的研究活动，故意损毁、扣压或强占他人研究活动中的文献资料、数据等与科研有关的物品等	
	违背科研伦理道德造成严重后果	

资料来源：根据《中国农业科学院科研机构失信行为清单》《中国农业科学院科研人员失信行为清单》整理。

（四）科研失信行为调查与认定

中国农业科学院科技局依据《中国农业科学院学术道德与学术纠纷调查认定办法》对清单中列举的失信行为进行调查和认定，调查工作需在60日内完成。查实的行为将记入《中国农业科学院责任主体失信记录表》。相关责任主体在调查和确认阶段具有申辩权，对已确认的信用记录有异议的，可向科技局提出申辩。申辩后对答复不满意的，可按相关程序向院学术委员会提出申诉。

学术委员会每年对该记录表进行汇总，并作出累计信用评价。评价等级包括信用合格、一般失信、严重失信3个级别。

（五）守信激励与失信惩戒

信用合格（三星，***）是院重大科研选题立项、重大科技任务组织、重大成果评选、先进表彰、专家推荐等工作的必备条件。

一般失信（两星，**）的机构将取消 1 年内评选各类先进集体的资格。个人则根据情节轻重给予通报批评到纪律处分等处理，1 年内不得评选先进、晋升职称和申报中央财政科研项目。

严重失信（一星，*）的机构将取消 3 年内评选各类先进集体的资格。个人则根据情节轻重给予组织处理到解除聘用合同等处理，3 年内不得评选先进、晋升职称和申报中央财政科研项目。涉嫌违法的移送相关机关处理。

上述信用评级按年度更新，惩戒期满后信用自动恢复。信用记录和信用等级将纳入"中国农业科学院科研机构和人员信用数据库"，并可进行查询。

五、北京大学受试者保护体系开展科研诚信培训的实践经验

教育培训是加强科研诚信建设的治本之策。强化科研诚信和科研行为规范教育，才能让科研人员建立起明确的科研诚信意识。培养负责任的研究者，科研诚信教育是关键一课。2018 年，《诚信建设意见》印发，重点强调要加强科研诚信的宣传教育。文件要求，切实加强科研诚信的教育和宣传。从事科学研究的企业、事业单位、社会组织应将科研诚信工作纳入日常管理，加强对科研人员、教师、青年学生等的

科研诚信教育，在入学入职、职称晋升、参与科技计划项目等重要节点
必须开展科研诚信教育。对在科研诚信方面存在倾向性、苗头性问题的
人员，所在单位应当及时开展科研诚信诫勉谈话，加强教育。科技计划
管理部门、项目管理专业机构及项目承担单位，应当结合科技计划组织
实施的特点，对承担或参与科技计划项目的科研人员有效开展科研诚信
教育。

（一）北京大学研究者培训的背景及实践

随着伦理审查制度的不断完善和细化，伦理培训得到越来越多的关
注。在政策法规层面，伦理培训成为明确要求；在实践工作中，伦理培
训也成为伦理委员会能力建设的主要策略。可见，伦理培训有其特殊的
意义和作用。首先，伦理培训能帮助研究者及时了解人体研究伦理审查
相关要求、动态和流程，有的放矢地准备伦理申请材料，减轻伦理审查
的文本工作负担，提升审查效率；其次，伦理培训对于持续提升伦理委
员和研究者的能力至关重要，确保伦理委员胜任伦理审查工作，是提升
伦理审查质量的根本需求，同时，对研究者的培训，不仅能加强研究者
对相关伦理问题的认知，还能有效促进研究者与伦理委员会之间的沟通
和理解；最后，及时的伦理培训还是从根本上保障伦理审查法规依从性、
提升研究者保护受试者的伦理意识的重要途径。

基于以上考虑，北京大学受试者保护体系（Peking University Human
Research Protection Program，PKU HRPP）于2012年底正式启动"北京
大学科研伦理与科研诚信培训"（以下简称"北京大学研究者培训"）。
作为推进北京大学生物医学伦理委员会（PKU IRB）能力建设的重要配
套举措，该培训面向北京大学本部、北京大学医学部本部及附属医院所

有可能开展和参与人体研究的研究者免费开放。启动至今，北京大学研究者培训大致经历了 3 个主要发展阶段：起步建设阶段（2012—2013年）、探索规范阶段（2014—2015年）及系统完善阶段（2016年至今）。不同阶段的培训重点和培训形式主要根据北京大学受试者保护体系的工作重点有所侧重。

起步阶段（2012—2013年）的北京大学研究者培训旨在普及伦理审查的政策法规、强化伦理审查要求、规范研究者提交伦理审查相关标准操作流程等细节，因此，培训内容侧重国际国内伦理审查相关法规、伦理指南和伦理原则，介绍历史上出现的科研丑闻、医学史上具有里程碑意义的重大事件及其经验教训等。培训讲者主要邀请国内外受试者保护领域专家及资深的研究者担任。之后，随着北京大学受试者保护体系制度建设逐步规范，加之前期北京大学研究者培训的不断改进，2014年5月1日，北京大学生物医学伦理委员会正式将"项目负责任的伦理培训"纳入伦理审查受理要求。该项政策从机构层面对研究者提出了明确的伦理培训要求，同时也是北京大学研究者培训正式步入规范化阶段的重要标志。探索规范阶段（2014—2015年）的特征主要表现为培训管理流程的优化及培训内容设置的不断完善两个方面。在培训管理流程上，2015年开始要求参加培训的研究者提交反馈问卷，同时启用带有编号的电子证书。在培训内容设置上，增加伦理审查前沿问题等内容。2016年3月，为了满足研究者快速增长的培训需求，北京大学研究者培训频率从每年 2 次增加为每年 8 ~ 10 次，培训时间从每次 1 天调整为每次 3.5小时，增加了时间安排的灵活性。

截至目前，北京大学研究者培训已形成一套相对完善的管理操作流程。培训由北京大学受试者保护体系办公室负责整体组织、教育培训中心及 IRB

办公室协作开展。北京大学医学部主页"最新公告"栏目定期发布北京大学研究者培训报名通知，研究者根据通知要求进行网络报名注册。之后，教育培训中心将在培训正式开始前 3～10 个工作日内发送 2 轮提醒邮件，通知培训日程等注意事项。研究者准时参加培训并按要求反馈网络问卷后将获得北京大学受试者保护体系办公室统一制作、编号的伦理培训证书（有效期 2 年）。

（二）北京大学研究者培训的主要经验总结

截至 2018 年底，北京大学研究者培训共计开展 20 期，累计时长超过 140 小时，覆盖约 3500 人次。培训主题包括但不限于：伦理审查的法律法规前沿进展、伦理审查操作流程及注意事项、知情同意及其存档、弱势群体保护、风险获益评估、生物样本、质量保证与数据管理、非预期问题及严重不良事件、研究者的责任、利益冲突、科研诚信、隐私保护与数据伦理等议题。培训的规模和影响力在北京大学得到了广泛认可，取得了一定的阶段性成绩。概括起来，主要有以下 5 点经验：

一是机构的政策支持是北京大学研究者培训发展的基础与前提。2014 年，北京大学生物医学伦理审查委员会明确要求项目负责人通过伦理培训后方能申请伦理审查。换言之，未获得伦理培训证书的项目负责人将无法在北京大学生物医学伦理委员会申请伦理审查。这一政策对所有北京大学项目负责人的"伦理培训"提出了具体要求，在机构层面为确保伦理培训的顺利开展提供了制度保障。

二是研究者的支持和参与是北京大学研究者培训发展的动力和源泉。自 2015 年 11 月以来，每一期培训均会收集研究者的反馈问卷。问卷侧重了解研究者对于培训主题、讲者、培训形式、培训组织等相关问题的意见和建议。参与培训的研究者积极反馈，提供了非常有建设性的意见，如增加案例讨论、开设针对不同研究类型的培训专题等。这些建议为北京大学研究者培训的不断改进提供了方向和动力。

三是研究者作为讲者参与为北京大学研究者培训提供了活力和生动的案例资源。越来越多的有经验的研究者接受邀请在培训中担任讲者，分享他们在研究过程中遇到的问题、解决问题的方法策略及研究管理经验。一线研究者的参与使得北京大学研究者培训对政策流程的解读、特殊问题的探讨更加生动和贴合实际，对于培训效果的提升意义重大。同时，为了鼓励更多的研究者作为讲者参与培训，在培训组织管理上，认可"研究者培训讲者邀请函"的效力等同于对应培训模块的"培训证书"，这一机制有非常积极的激励作用。此外，通过与研究者密切合作，在开展培训的过程中，也进一步加强了北京大学受试者保护体系相关工作与研究者之间的互动和了解。

四是清晰明确的组织管理为培训更好的服务研究者提供了保障。2016年至今，每一期北京大学研究者培训的组织工作已逐步细化为24项具体工作任务，形成标准化的操作流程，从培训计划的制订、实施到档案存档，每项任务都有明确的时间节点和主要责任人。同时，研究者有任何问题和建议可以随时通过电话、电子邮件等方式对口咨询。标准化的流程管理既加强了北京大学研究者培训内部的团队合作，也确保了培训活动的规范有序进行。

五是体系间各要素密切配合是确保培训良序运行的基石。北京大学受试者保护体系各个要素，尤其是北京大学生物医学伦理委员会办公室、北京大学受试者保护体系办公室与教育培训中心之间的密切合作，是确保北京大学研究者培训良序运行的基石。北京大学受试者保护体系办公室承担培训组织的主要职责，确保北京大学生物医学伦理委员会办公室能够集中精力专注伦理审查及委员的能力提升；通过北京大学受试者保护体系办公室与北京大学生物医学伦理委员会之间的密切合作，确保培训既能及时反映伦理审查的现实需求，将研究者的能力提升与伦理审查的效率提升进行有机整合，同时，在更加长远的意义上，持续提升研究者对受试者保护及研究相关伦理问题的关注，为推动负责任研究的开展奠定基础。

总而言之，随着国内人体研究的迅速发展，研究的性质、类型及面临的伦理问题都在不断发展变化，相应的受试者保护政策、伦理法规及标准操作流程也在快速更新，这些现状都对与时俱进的伦理培训提出了客观要求。加之，近年来发生的多次国际权威期刊大规模撤稿事件再次敲响了科研诚信的警钟。《诚信建设意见》要求切实加强科研诚信教育培训工作，帮助研究者了解和掌握相关要求，为开展负责任的科学研究奠定基础。

为研究者提供更加系统高效的伦理培训，在推进科技创新的同时，强化伦理意识，加强涉及人的研究从设计到实施的全过程伦理管理和质量控制，才能在真正意义上保护受试者权益、提升研究质量、维护机构声誉和科研诚信[23]。

附　录

附录1　党的十八大以来国家层面与科研诚信相关的政策

序号	文件名称（发文号）	发文单位	发布时间
1	《国务院关于改进加强中央财政科研项目和资金管理的若干意见》（国发〔2014〕11号）	国务院	2014年3月3日
2	《国务院印发关于深化中央财政科技计划（专项、基金等）管理改革的方案》（国发〔2014〕64号）	国务院	2014年12月3日
3	《中共中央　国务院关于深化体制机制改革加快实施创新驱动发展战略的若干意见》	中共中央、国务院	2015年3月13日
4	《国务院办公厅关于优化学术环境的指导意见》（国办发〔2015〕94号）	国务院办公厅	2015年12月29日
5	《国家创新驱动发展战略纲要》	中共中央、国务院	2016年5月19日
6	《中共中央　国务院关于全面深化新时代教师队伍建设改革的意见》	中共中央、国务院	2018年1月20日
7	《关于进一步加强科研诚信建设的若干意见》	中共中央办公厅、国务院办公厅	2018年5月31日

续表

序号	文件名称（发文号）	发文单位	发布时间
8	《关于深化项目评审、人才评价、机构评估改革的意见》（中办发〔2018〕37号）	中共中央办公厅、国务院办公厅	2018年7月3日
9	《国务院关于优化科研管理提升科研绩效若干措施的通知》（国发〔2018〕25号）	国务院	2018年7月24日
10	《关于进一步弘扬科学家精神加强作风和学风建设的意见》	中共中央办公厅、国务院办公厅	2019年6月11日
11	《国务院学位委员会　教育部关于加强学位与研究生教育质量保证和监督体系建设的意见》（学位〔2014〕3号）	国务院学位委员会、教育部	2014年1月29日
12	《关于准确把握科技期刊在学术评价中作用的若干意见》（科协发学字〔2015〕83号）	中国科学技术协会等5部门	2015年11月3日
13	《发表学术论文"五不准"》（科协发组字〔2015〕98号）	中国科协等7部门	2015年11月23日
14	《国家科技计划（专项、基金等）严重失信行为记录暂行规定》（国科发政〔2016〕97号）	科技部等15部门	2016年3月25日
15	《印发〈关于对科研领域相关失信责任主体实施联合惩戒的合作备忘录〉的通知》（发改财金〔2018〕1600号）	国家发展改革委等41家单位	2018年11月14日
16	《哲学社会科学科研诚信建设实施办法》（社科办字〔2019〕10号）	中宣部等7部门	2019年5月16日
17	《关于印发〈科研诚信案件调查处理规则（试行）〉的通知》（国科发监〔2019〕323号）	科技部等20部门	2019年9月25日

序号	文件名称（发文号）	发文单位	发布时间
18	《学位论文作假行为处理办法》（中华人民共和国教育部令第34号）	教育部	2012年11月13日
19	《教育部关于进一步加强高校科研项目管理的意见》（教技〔2012〕14号）	教育部	2012年12月17日
20	《教育部关于进一步规范高校科研行为的意见》（教监〔2012〕6号）	教育部	2012年12月18日
21	《教育部关于深化高等学校科技评价改革的意见》（教技〔2013〕3号）	教育部	2013年11月29日
22	《教育部关于建立健全高校师德建设长效机制的意见》（教师〔2014〕10号）	教育部	2014年9月29日
23	《中共教育部党组关于强化学风建设责任实行通报问责机制的通知》（教党函〔2016〕24号）	教育部	2016年3月31日
24	《高等学校预防与处理学术不端行为办法》（中华人民共和国教育部令第40号）	教育部	2016年6月16日
25	《教育部办公厅关于严厉查处高等学校学位论文买卖、代写行为的通知》（教督厅函〔2018〕6号）	教育部	2018年7月10日
26	《教育部关于高校教师师德失范行为处理的指导意见》（教师〔2018〕17号）	教育部	2018年11月14日
27	《教育部办公厅关于进一步规范和加强研究生培养管理的通知》（教研厅〔2019〕1号）	教育部	2019年2月26日
28	《科技部　财政部关于进一步优化国家重点研发计划项目和资金管理的通知》（国科发资〔2019〕45号）	科技部、财政部	2019年1月22日

续表

序号	文件名称（发文号）	发文单位	发布时间
29	《国家卫生计生委关于进一步加强医学科研项目和资金管理的通知》（国卫科教函〔2014〕182 号）	国家卫生计生委	2014 年 6 月 3 日
30	《医学科研诚信和相关行为规范》（国卫科教发〔2014〕52 号）	国家卫生计生委、国家中医药管理局	2014 年 8 月 28 日
31	《涉及人的生物医学研究伦理审查办法》（国家卫生和计划生育委员会令第 11 号）	国家卫生计生委	2016 年 10 月 12 日
32	《国家新闻出版广电总局关于规范学术期刊出版秩序促进学术期刊健康发展的通知》（新广出发〔2014〕46 号）	国家新闻出版广电总局	2014 年 4 月 3 日
33	《中国科学院院士增选工作中被推荐人行为守则》	中国科学院	2014 年 9 月 29 日（修订）
34	《中国科学院院士增选投诉信处理办法》	中国科学院	2014 年 9 月 29 日（修订）
35	《中国科学院院士行为规范》	中国科学院	2014 年
36	《中国科学院对科研不端行为的调查处理暂行办法》（科发纪监审字〔2016〕30 号）	中国科学院	2016 年 3 月 8 日
37	《中国科学院关于加强科研行为规范建设的意见》	中国科学院	2018 年 12 月 19 日
38	《中国科学院研究生科研活动行为规范》	中国科学院	2018 年 12 月 19 日
39	《中共中国科学院党组贯彻落实关于进一步加强科研诚信建设的若干意见的实施办法（试行）》（科发党字〔2019〕6 号）	中国科学院	2019 年 1 月 29 日

序号	文件名称（发文号）	发文单位	发布时间
40	《中国社会科学院关于加强科研学风、文风、作风建设的若干要求》	中国社会科学院	2013 年 9 月 18 日
41	《中国工程院院士科学道德守则》	中国工程院	2014 年 12 月 9 日
42	《中国工程院院士违背科学道德行为处理办法》	中国工程院	2014 年 12 月 9 日
43	《中国工程院院士增选投诉信处理办法》	中国工程院	2018 年 12 月 11 日
44	《中国工程院院士增选机关工作人员行为规定》	中国工程院	2016 年 12 月 6 日
45	《中国工程院院士增选工作中院士行为规范》	中国工程院	2016 年 12 月 6 日
46	《中国工程院院士增选违纪违规行为处理办法》	中国工程院	2016 年 12 月 6 日
47	《国家自然科学基金项目评审专家行为规范》	国家自然科学基金委员会	2014 年 12 月 2 日
48	《国家自然科学基金项目评审回避与保密管理办法》	国家自然科学基金委员会	2015 年 5 月 12 日
49	《国家自然科学基金项目会议评审驻会监督工作实施细则》	国家自然科学基金委员会	2018 年
50	《贯彻落实中共中央办公厅　国务院办公厅〈关于进一步加强科研诚信建设的若干意见〉强化国家自然科学基金监督体系的初步方案》	国家自然科学基金委员会	2018 年

序号	文件名称（发文号）	发文单位	发布时间
51	《关于防范学术型"伪创新"问题的意见》	国家自然科学基金委员会	2018 年
52	《国家自然科学基金会议评审驻会监督工作实施细则》	国家自然科学基金委员会	2018 年
53	《关于进一步加强依托单位科学基金管理工作的若干意见》	国家自然科学基金委员会	2018 年
54	《面向建设世界科技强国的中国科协规划纲要》（科协发计字〔2018〕59 号）	中国科学技术协会	2018 年 12 月 28 日
55	《科技期刊出版伦理规范》	中国科学技术协会	2019 年 9 月
56	《装备承制单位失信名单管理暂行办法》	军委装备发展部	2018 年 8 月
57	《检察机关科研项目管理办法》	最高人民检察院	2018 年
58	《检察机关科研项目应用示范单位管理办法》	最高人民检察院	2018 年

资料来源：根据政府部门网站、科研诚信建设联席会议成员单位 2018 年度、2019 年度总结整理。

附录2　地方层面科研诚信相关政策文件

（2018 年 5 月 30 日至 2021 年 9 月 30 日）

序号	文件名称（发文号）	发文日期	发文单位	所属省市
1	《内蒙古自治区科研信用审查记录制度（试行）》	2018 年 7 月 17 日	内蒙古自治区科技厅	内蒙古
2	《内蒙古自治区科技计划项目严重失信行为记录管理暂行办法》	2018 年 7 月 17 日	内蒙古自治区科技厅	内蒙古
3	《黑龙江省关于加强科研诚信建设的实施意见》	2018 年 7 月 20 日	黑龙江省科技厅	黑龙江
4	《广西科技计划和科技专项科研诚信管理暂行办法》	2018 年 8 月 15 日	广西壮族自治区科技厅	广西
5	《中共辽宁省委办公厅　辽宁省人民政府办公厅印发〈关于进一步加强科研诚信建设的实施意见〉的通知》（辽委办〔2018〕101 号）	2018 年 8 月 16 日	辽宁省委办公厅、省政府办公厅	辽宁
6	《湖南省科技创新计划科研失信行为记录与惩戒规定》	2018 年 8 月 23 日	湖南省科技厅	湖南
7	《宁夏科研诚信管理暂行办法》	2018 年 10 月 20 日	宁夏回族自治区科技厅	宁夏
8	《甘肃省关于进一步加强科研诚信建设的实施方案》	2018 年 10 月 25 日	甘肃省委办公厅、省政府办公厅	甘肃

序号	文件名称（发文号）	发文日期	发文单位	所属省市
9	《吉林省科技计划科研诚信体系建设方案》	2018 年 11月 7 日	吉林省科技厅	吉林
10	《浙江省关于进一步加强科研诚信建设的实施意见》	2018 年 11月 12 日	浙江省科技厅	浙江
11	《天津市加强科研诚信建设的实施意见》	2018 年 11月 19 日	天津市科技局	天津
12	《湖南省科技计划（专项、基金等）科研诚信管理办法》（湘科发〔2018〕172 号）	2018 年 12月 14 日	湖南省科技厅	湖南
13	《广东省人民政府印发关于进一步促进科技创新的若干政策措施的通知》	2018 年 12月 24 日	广东省政府办公厅	广东
14	《福建省进一步加强科研诚信建设的实施方案》	2018 年 12月 25 日	福建省科技厅	福建
15	《安徽省进一步优化科研管理提升科研绩效实施细则》	2018 年 12月 29 日	安徽省政府办公厅	安徽
16	《广西科研诚信管理暂行办法》	2019 年 1 月3 日	广西壮族自治区科技厅	广西
17	《河北省关于加强科研诚信建设的实施意见》	2019 年 1 月10 日	河北省委办公厅、省政府办公厅	河北
18	《浙江省卫生健康委办公室关于进一步加强科研信用管理工作的通知》（浙卫办科教〔2019〕1 号）	2019 年 1 月11 日	浙江省卫生健康委	浙江

序号	文件名称（发文号）	发文日期	发文单位	所属省市
19	《江苏省关于进一步加强全省科研诚信建设的实施意见》	2019年1月18日	江苏省委办公厅、省政府办公厅	江苏
20	《海南省进一步加强科研诚信建设的实施方案》	2019年2月13日	海南省科技厅	海南
21	《中共吉林省委办公厅吉林省人民政府办公厅印发〈关于进一步加强科研诚信建设的实施意见〉的通知》（吉厅字〔2019〕55号）	2019年3月26日	吉林省委办公厅、省政府办公厅	吉林
22	《中共云南省委办公厅云南省人民政府办公厅印发〈关于进一步加强科研诚信建设的实施意见〉的通知》（云厅字〔2019〕27号）	2019年3月28日	云南省委办公厅、省政府办公厅	云南
23	《中共宁夏回族自治区委员会办公厅宁夏回族自治区人民政府办公厅印发〈关于加强科研诚信建设的实施意见〉的通知》（宁党办〔2019〕90号）	2019年5月9日	宁夏回族自治区科技厅	宁夏
24	《中共重庆市委全面深化改革委员会科技体制改革专项小组关于印发〈关于加强科研诚信建设的实施意见〉的通知》（科技体改〔2019〕1号）	2019年5月17日	重庆市全面深化改革委员会科技体制改革专项小组	重庆
25	《关于进一步加强科研诚信建设的实施意见》	2019年7月3日	河南省委办公厅、省政府办公厅	河南

续表

序号	文件名称（发文号）	发文日期	发文单位	所属省市
26	《关于进一步加强科研诚信建设的实施方案》（内科发〔2019〕43号）	2019年7月15日	内蒙古自治区科技厅等12部门	内蒙古
27	《中共浙江省委办公厅　浙江省人民政府办公厅关于深化项目评审人才评价机构评估改革提升科研绩效的实施意见》（浙委办发〔2019〕51号）	2019年7月30日	浙江省委办公厅、省政府办公厅	浙江
28	《中共山东省委办公厅　山东省人民政府办公厅〈关于弘扬科学家精神加强科研诚信建设的若干措施〉的通知》（鲁办发〔2019〕15号）	2019年8月20日	山东省委办公厅、省政府办公厅	山东
29	《吉林省科技发展计划项目科研诚信管理暂行办法》	2019年8月23日	吉林省科技厅	吉林
30	《关于进一步加强科研诚信建设的实施意见》（晋科监发〔2019〕60号）	2019年8月23日	山西省科技厅等9部门	山西
31	《关于科研不端行为投诉举报的调查处理办法（试行）》（沪科规〔2019〕8号）	2019年8月23日	上海市科委	上海
32	《江西省关于加强科研诚信建设的实施办法》（赣科发监字〔2019〕105号）	2019年9月11日	江西省科技厅	江西
33	《青海省省级科技计划科研诚信管理办法》（青科发政〔2019〕98号）	2019年10月12日	青海省科技厅	青海

序号	文件名称（发文号）	发文日期	发文单位	所属省市
34	《西藏自治区科技计划（专项、基金等）科研诚信实施办法（暂行）》（藏科发〔2019〕270号）	2019年10月28日	西藏自治区科技厅	西藏
35	《四川省科学技术厅等八部门关于印发〈关于进一步加强科研诚信建设的实施意见〉的通知》（川科监〔2019〕16号）	2019年12月9日	四川省科技厅等8部门	四川
36	《贵州省科研诚信管理暂行办法》（黔科通〔2020〕9号）	2020年2月19日	贵州省科技厅等3家单位	贵州
37	《关于印发〈黑龙江省科技计划项目科研诚信管理暂行办法〉的通知》（黑科规〔2020〕6号）	2020年7月30日	黑龙江省科技厅	黑龙江
38	《重庆市科研诚信提醒二十条》	2020年9月29日	重庆市科技局	重庆
39	《山西省加强领导干部科研诚信建设的若干举措》	2020年11月	山西省委人才工作领导小组	山西
40	《关于进一步压实省科技计划（专项、基金等）任务承担单位科研作风学风和科研诚信主体责任的通知》（苏科监发〔2020〕319号）	2020年12月2日	江苏省科技厅	江苏
41	《关于弘扬科学家精神加强作风学风与科研诚信建设的实施意见》	2020年12月18日	北京市科委等5家单位	北京
42	《湖北省科技计划项目评审专家管理办法》（鄂科技规〔2020〕1号）	2020年12月30日	湖北省科技厅	湖北

序号	文件名称（发文号）	发文日期	发文单位	所属省市
43	《上海市科技信用信息管理办法（试行）》（沪科规〔2020〕9号）	2020年11月7日	上海市科委	上海
44	《科研项目负责人科研背景及学术道德核查办法（试行）》（晋科发〔2021〕2号）	2021年1月7日	山西省科技厅	山西
45	《广东省科研诚信管理办法（试行）》	2021年1月22日	广东省科技厅	广东
46	《关于进一步弘扬科学家精神加强作风和学风建设的实施方案》	2021年1月29日	内蒙古自治区科技厅等3家单位	内蒙古
47	《安徽省科研诚信管理办法（试行）》	2021年3月31日	安徽省科技厅	安徽
48	《关于进一步压实省级科技计划（专项、基金等）任务承担单位科研作风学风和科研诚信主体责任的通知》	2021年5月16日	山东省科技厅	山东
49	《关于印发〈河南省科研诚信案件调查处理办法（试行）〉的通知》（豫科〔2021〕77号）	2021年6月7日	河南省科技厅等14部门	河南
50	《黑龙江省科学技术厅科技活动评审监督工作规程》	2021年6月7日	黑龙江省科技厅	黑龙江
51	《山东省科学技术厅印发〈关于破除科技评价中"唯论文"不良导向的若干措施（试行）〉的通知》（鲁科字〔2021〕46号）	2021年6月9日	山东省科技厅	山东

序号	文件名称（发文号）	发文日期	发文单位	所属省市
52	《辽宁省科学技术活动严重失信行为认定及记录暂行办法》	2021 年 9 月 27 日	辽宁省科技厅	辽宁
53	《辽宁省科学技术厅科研失信行为投诉举报与调查处理工作暂行规定》	2021 年 9 月 27 日	辽宁省科技厅	辽宁
54	《重庆市科学技术局科技计划项目诚信管理细则》	2021 年 9 月 28 日	重庆市科技局	重庆
55	《新疆维吾尔自治区科研诚信管理办法（试行）》	2021 年 9 月 2 日	新疆维吾尔自治区科技厅	新疆

资料来源：根据政府部门网站信息整理。

附录3 《科研主体科研诚信与作风学风建设状况调查问卷》调查基本情况

一、科研主体问卷调查情况

科研主体（高等学校、科研院所和医院）的问卷调查对象为2016—2018年牵头承担国家重点研发计划项目的单位。问卷由负责本单位科研诚信建设的科研处、学术委员会等机构填写，问卷填写人员需对全校相关信息汇总后填写问卷。共发放问卷571份，回收问卷396份，有效问卷370份，问卷发放回收情况详见附表3–1。

附表3–1　调查问卷发放回收情况

科研单位	发放问卷数/份	回收问卷数/份	回收率	有效问卷数/份	有效率
高等学校	179	128	71.5%	115	64.2%
科研院所	328	238	72.6%	227	69.2%
医院	64	30	46.9%	28	43.8%
合计	571	396	69.4%	370	64.8%

注：有效率 = 有效问卷数 / 发放问卷数 ×100%。

二、学会问卷调查情况

本次调查面向中国科协所属210家全国学会，发放问卷210份，回收有效问卷 36 份。调查的学会样本中，会员最少的有 1500 人左右，最多的达 12 万人，涉及的学科领域包括理科、工科、农科、医科、交叉学科，分别占比 33.33%、30.56%、5.56%、11.11%、19.44%。

三、科技期刊问卷调查情况

本次调查主要面向中国科协主管的 512 家科技期刊，同时通过"中国科技期刊卓越行动计划"及中国高校科技期刊研究会向教育部、中国科学院及中国工程院等主管的科技期刊发放电子问卷。本次调查共收集到 224 份问卷，剔除 1 份无效填答，共计收到有效填答问卷 223 份。

附录 4　国际论文撤稿数据分析方法与相关数据

一、分析方法

本次统计所用基础数据来自撤稿观察（Retraction Watch）数据库。截至 2021 年 9 月 12 日，该数据库共收录撤稿信息 29 057 条。基于上述数据，开展了进一步的数据规范和遴选，包括：

① 撤稿类型筛选。仅保留"Retraction"类型的记录，而排除"Correction"类型的记录。

② 重复记录过滤。数据中存在部分重复记录，因个别字符的差异而难以使用精确匹配来排除，故进行了人工剔除；另有少量记录标记错误，也进行了人工修正。

③ 使用算法对记录中的地址进行拆分，获得 55 225 条地址信息，拆分出国别、地区和机构，以便于后续的数据规范。

④国别和地区规范。将香港、澳门和台湾的论文均标记为中国，其中，台湾地区记录有 53 条；对于无国别的地址，根据机构名称来补充国别。

⑤ 中国机构名称规范。经多次统计和规范，针对署名论文数量最多的前 100 个机构名称进行了重点规范。

⑥ 根据发表年份筛选出发表于 2016—2020 年的论文记录 7512 条。

⑦ 将撤稿原因区分为"学术不端"（附表 4–1）和"非学术不端"

两类，并据此筛选出学术不端撤稿论文记录 3583 条。

⑧ 统计时，若同一篇论文涉及多个国别、机构、学科或学术不端表现，将会分别进行计数。因此，上述 4 类统计数据的"加和"可能会比实际记录数量多一些。

附表 4-1　撤稿原因分类

序号	撤稿原因（学术不端）	中文释义
1	Duplication of Article	作者重复发表
2	Duplication of Data	数据重复
3	Duplication of Image	图像重复
4	Duplication of Text	文本重复
5	Fake Peer Review	虚假同行评议
6	Falsification/Fabrication of Data	伪造/篡改数据
7	Falsification/Fabrication of Image	伪造/篡改图像
8	Falsification/Fabrication of Results	伪造/篡改结果
9	Hoax Paper	欺诈论文
10	Lack of IRB/IACUC Approval	缺乏 IRB/IACUC 许可
11	Manipulation of Images	图像操纵
12	Manipulation of Results	结果操纵
13	Misconduct	科研不端
14	Misconduct – Official Investigation/Finding	官方认定科研不端
15	Misconduct by Author	作者科研不端

续表

序号	撤稿原因（学术不端）	中文释义
16	Misconduct by Company/Institution	机构科研不端
17	Misconduct by Third Party	第三方科研不端
18	Paper Mill	论文工厂
19	Plagiarism	抄袭
20	Plagiarism of Article	论文抄袭
21	Plagiarism of Data	数据抄袭
22	Plagiarism of Image	图像抄袭
23	Plagiarism of Text	文本抄袭
24	Sabotage of Materials	故意破坏材料
25	Sabotage of Methods	故意破坏仪器/工具
26	Salami Slicing	拆分发表

二、相关分析结果

相关分析结果如附表 4-2 和附表 4-3 所示。

附表 4-2　中国科研不端撤稿论文所在期刊 TOP 10（2016—2020 年）

序号	期刊	论文数量/篇
1	*Journal of Cellular Biochemistry*	130
2	*RSC Advances*	78

序号	期刊	论文数量 / 篇
3	*European Review for Medical and Pharmacological Sciences*	46
4	*Bioscience Reports*	43
5	*Multimedia Tools and Applications*	37
6	*Journal of Cellular Physiology*	34
7	*OncoTargets and Therapy*	31
8	*IEEE Transactions on Electromagnetic Compatibility*	22
9	*Oncology Letters*	17
10	*American Journal of Cancer Research*	13
10	*Artificial Cells，Nanomedicine，and Biotechnology*	13
10	*Cancer Management and Research*	13
10	*Scientific Reports*	13

资料来源：根据撤稿观察数据库统计。

附表 4-3　中国科研不端撤稿论文的出版商 TOP10（2016—2020 年）

序号	出版商	论文数量 / 篇
1	Wiley	205
2	Elsevier	177
3	Springer	158
4	Royal Society of Chemistry （RSC）	98

续表

序号	出版商	论文数量 / 篇
5	Spandidos	58
6	Taylor and Francis – Dove Press	54
7	Verduci Editore	46
8	Portland Press	44
9	Springer – Biomed Central （BMC）	42
10	Taylor and Francis	40

资料来源：根据撤稿观察数据库统计。

参考文献

［1］打击学术造假，是铁律，是道义［EB/OL］.（2019-01-03）［2021-09-10］. https：//tech.gmw.cn/2019-01/03/content_32288094.htm.

［2］李建宁.抄袭新闻可耻［J］.新闻知识，1990（10）：23-23.

［3］吕志强.谨防新闻扒手［J］.新闻战线，1991（5）：20-21.

［4］STIGBRAND T. Retraction note to multiple articles in Tumor Biology［J］.Tumor Biology，2017（4）：1-6.

［5］国家新闻出版署.学术出版规范　期刊学术不端行为界定：CY/T 174—2019［S/OL］.（2019-07-01）［2021-10-17］. https：//www.orichina.cn/contents/13/1391.html.

［6］岳中厚，黄菊芳，张农，等.“中德科研不端行为研讨会”的情况［J］.科研诚信建设工作通讯，2008（2）.

［7］孙平.中欧科技伦理与科研诚信研讨会概述［EB/OL］.（2019-11-05）［2021-08-12］.http：//www.ircip.cn/web/1044770-1044770.html?id=26645&newsid=1497205.

［8］教育部学位与研究生教育发展中心研究发展处.第四届中国研究生教育国际论坛圆满闭幕［EB/OL］.（2018-11-17）［2021-11-02］.http：//www.cdgdc.edu.cn/xwyyjsjyxx/zxkb/xxxx/284408.shtml.

［9］宋艳双，郑玉荣，吉萍，等.科研诚信的新挑战：第六届世界科研诚信大会综述［J］.中国医学伦理学，2019，32（11）：6.

［10］中国科协组织人事部、国际联络部.中美科学道德教育研讨会在美国圣迭戈市召开［J］.科研诚信建设工作通讯，2009（2）.

［11］中国科协国际联络部.国际科研与创新政策研讨会在京举行［J］.科研诚信建设工作通讯，2013（2）.

［12］中国科协组织人事部.中国科协与国际出版伦理委员会高级代表团座谈交流［EB/OL］.（2017-11-29）［2021-10-08］.http：//www.ircip.cn/web/1044770-1044770.html?id＝26645&newsid＝843512.

［13］孙平.第四届亚太科研诚信网络大会（韩国）概述［EB/OL］.（2021-07-21）［2021-12-04］.http：//www.ircip.cn/web/993896-993908.html?id＝26645&newsid＝3268275.

［14］孙平.21世纪国际大学联盟举办处理科研不端行为研讨会概述［EB/OL］.（2017-01-17）［2022-01-6］.http：//www.ircip.cn/web/1044770-1044770.html?id＝26645&newsid＝746658.

［15］张海洪.公共卫生：共同的责任——公共卫生伦理与科研诚信国际研讨会综述［J］.中国医学伦理学，2016，29（6）：1099-1101.

［16］夏瑾."科研诚信"高端研讨会在线召开，专家院士共话如何缔造更好的科学［EB/OL］.（2021-07-15）［2021-12-04］.https：//s.cyol.com/articles/2021-07/15/content_DMeOK6tn.html.

［17］中国科学技术信息研究所.《学术出版第三方服务的边界蓝皮书》发布［EB/OL］.（2020-07-31）［2021-11-4］.http：//www.ircip.cn/web/1044770-1044770.html?id＝26645&newsid＝2429655.

［18］孙平.RRING"对社会负责任的研究与创新的未来"网上峰会综述［EB/OL］.（2021-07-14）［2022-01-03］.http：//www.ircip.cn/web/1044770-1044770.html?id＝26645&newsid＝3254109.

［19］中国神经科学学会.中国神经科学学会2011年工作总结和2012年工作计划［EB/OL］.（2011-11-01）［2022-03-01］.https：//www.cns.org.cn/about_04_02.html.

［20］林琳，石朝云.2013年北京国际医学期刊编辑伦理学术论坛举办［EB/OL］.（2016-06-29）［2022-01-03］.http：//www.ircip.cn/web/993896-1711299.html?id＝26645&newsid＝653290.

［21］国际出版道德委员会.国际出版道德委员会（COPE）在中国举办研讨班［EB/OL］.（2016-11-24）［2022-01-03］.http：//www.ircip.cn/web/1044770-1044770.html?id=26645&newsid=722788.

［22］中南大学医学伦理学研究中心.中南大学将与耶鲁大学合建生命伦理学硕士教育机制［EB/OL］.（2017-04-06）［2022-01-03］.http：//www.ircip.cn/web/1044770-1044770.html?id＝26645&newsid＝772050.

［23］张海洪，肖瑜，赵励彦，等.研究者科研伦理与科研诚信培训：基于北京大学受试者保护体系工作实践的思考［J］.中华医学科研管理杂志，2019，32（4）：5.